跟着电网企业劳模学系列培训教材

变电站监控系统网络安全防护

国网浙江省电力有限公司　组编

中国电力出版社
CHINA ELECTRIC POWER PRESS

内 容 提 要

为使相关专业人员了解掌握监控系统网络安全风险及全方位防范措施，提升变电站网络安全防护管理水平，国网浙江省电力有限公司组织编写了本书。

本书是“跟着电网企业劳模学系列培训教材”之《变电站监控系统网络安全防护》分册，涵盖了变电站监控系统全生命周期的网络安全防护工作，共十一章，包括概述、变电站监控系统网络安全防护体系、变电站监控系统安全防护设备及技术、变电站监控系统网络安全监测、变电站监控系统等级保护测评及安全评估、变电站监控系统安全加固、变电站监控系统安全漏洞管控、变电站监控系统恶意代码监测管理、变电站监控系统运维安全管控、高可靠变电站二次系统网络安全防护和变电站监控系统网络安全应急处置。

本书可作为变电站监控系统工程设计、安装调试、检修运维人员、电力调控机构自动化专业人员的培训教材。

图书在版编目（CIP）数据

变电站监控系统网络安全防护/国网浙江省电力有限公司组编. —北京：中国电力出版社，2023.12

跟着电网企业劳模学系列培训教材

ISBN 978-7-5198-8446-8

Ⅰ.①变… Ⅱ.①国… Ⅲ.①变电所－智能系统－电力监控系统－安全防护－技术培训－教材 Ⅳ.①TM63

中国国家版本馆 CIP 数据核字（2023）第 245202 号

出版发行：中国电力出版社
地　　址：北京市东城区北京站西街 19 号（邮政编码 100005）
网　　址：http://www.cepp.sgcc.com.cn
责任编辑：王蔓莉（010-63412791）　马雪倩
责任校对：黄　蓓　马　宁
装帧设计：张俊霞　赵姗姗
责任印制：石　雷

印　　刷：固安县铭成印刷有限公司
版　　次：2023 年 12 月第一版
印　　次：2023 年 12 月北京第一次印刷
开　　本：710 毫米×1000 毫米　16 开本
印　　张：13.25
字　　数：186 千字
印　　数：0001—1000 册
定　　价：68.00 元

编 委 会

主　编　刘理峰　黄　晓　朱维政

副主编　徐汉兵　王　权　刘　燕　徐以章

编　委　刘伟浩　杨　坚　谭小兵　王建莉　高　祺
　　　　周　熠　吴　靖　蒋科若　董绍光　叶丽雅

编 写 组

组　长　郑　翔

副组长　王周虹　徐红泉

成　员　杜奇伟　阮黎翔　吴佳毅　金学奇　屠雨夕
　　　　张　磊　陈培东　卢　巍　戚　峰　刘　栋
　　　　黄银强　周　伟　宁俊保　吕红梅　孔飘红
　　　　阙凌燕　郑子淮　叶海明　张　超　刘永新
　　　　梁学锋　顾　建　王跃强　洪　蕾　李心宇
　　　　解慧力　金　琦

丛书序

国网浙江省电力有限公司在国家电网有限公司领导下，以努力超越、追求卓越的企业精神，在建设具有卓越竞争力的世界一流能源互联网企业的征途上砥砺前行。建设一支爱岗敬业、精益专注、创新奉献的员工队伍是实现企业发展目标、践行“人民电业为人民”企业宗旨的必然要求和有力支撑。

国网浙江省电力有限公司为充分发挥公司系统各级劳模在培训方面的示范引领作用，基于劳模工作室和劳模创新团队，设立劳模培训工作站，对全公司的优秀青年骨干进行培训。通过严格管理和不断创新发展，劳模培训取得了丰硕成果，成为国网浙江省电力有限公司培训的一块品牌。劳模工作室成为传播劳模文化、传承劳模精神、培养电力工匠的主阵地。

为了更好地发扬劳模精神，打造精益求精的工匠品质，国网浙江省电力有限公司将多年劳模培训积累的经验、成果和绝活，进行提炼总结，编制了“跟着电网企业劳模学系列培训教材”。该丛书的出版，将对劳模培训起到规范和促进作用，以期加强员工操作技能培训和提升供电服务水平，树立企业良好的社会形象。丛书主要体现了以下特点：

一是专业涵盖全，内容精尖。丛书定位为劳模培训教材，涵盖规划、调度、运检、营销等专业，面向具有一定专业基础的业务骨干人员，内容力求精练、前沿，通过本教材的学习可以迅速提升员工技能水平。

二是图文并茂，创新展现方式。丛书图文并茂，以图说为主，结合典型案例，将专业知识穿插在案例分析过程中，深入浅出，生动易学。除传统图文外，创新采用二维码链接相关操作视频或动画，激发读者的阅读兴趣，以达到实际、实用、实效的目的。

三是展示劳模绝活，传承劳模精神。“一名劳模就是一本教科书”，丛书对劳模事迹、绝活进行了介绍，使其成为劳模精神传承、工匠精神传播的载体和平台，鼓励广大员工向劳模学习，人人争做劳模。

丛书既可作为劳模培训教材，也可作为新员工强化培训教材或电网企业员工自学教材。由于编者水平所限，不当之处在所难免，欢迎广大读者批评指正！

最后向付出辛勤劳动的编写人员表示衷心的感谢！

丛书编委会

前　言

电力监控系统是电力系统运行控制的中枢，属于国家的关键信息基础设施，其网络安全问题关系着国家用电安全。随着计算机和网络通信技术的发展，网络环境日趋复杂，外部针对能源领域关键基础设施的集团式攻击日益增多，电力监控系统网络安全形势严峻，一旦发生安全事故可能带来极大的经济损失与社会影响。确保电力监控系统网络安全，是保障电网安全乃至国家安全的一项重要措施。

针对变电站监控系统可能面临的网络安全风险，自动化网络安全防护技术也在不断发展。本教材结合国家电网有限公司智能变电站监控系统网络安全现状，通过介绍变电站监控系统网络安全防护相关知识，使读者了解变电站监控系统网络安全风险及全方位防范措施，提高变电站监控系统网络安全管控水平。

本教材侧重于网络安全防护管理要求和措施说明，适合变电站监控系统工程设计、安装调试、运维检修、电力调控机构自动化专业人员以及为电力调控机构提供网络安全支撑服务的专业技术人员等阅读，有助于他们有针对性开展变电站监控系统网络安全工作，提高网络安全防护技术水平。教材涵盖变电站监控系统网络安全防护技术和管理各方面内容，包括变电站监控系统网络安全防护相关制度及技术标准、变电站监控系统网络安全防护设备及技术、变电站监控系统网络安全评估及安全加固、网络安全监测体系和漏洞管控、监控系统运维安全管理、高可靠变电站二次系统网络安全防护、变电站网络安全事件应急处置要求等。

本教材由国网浙江省电力有限公司组织编写，在编写过程中得到了北京科东电力控制系统有限责任公司、北京四方继保自动化股份有限公司、杭州迪普科技股份有限公司、南京南瑞信息通信科技有限公司、珠海鸿瑞信息技术股份有限公司、杭州乾坤科技有限公司的帮助，在此表示由衷感谢。

由于电力监控系统网络安全防护领域技术发展变化迅速，作者团队水平所限，书中难免存在疏漏与不足，敬请专家和读者提出批评指正。

编　者

2023 年 6 月

目　录

主编人员介绍

王周虹

国网浙江省电力有限公司台州供电公司调控中心五级职员，高级工程师，高级技师，台州供电公司劳模创新工作室领衔人，长期从事电力系统自动化及电力监控系统网络安全专业管理工作，具有丰富的现场工作经验与解决实际问题的能力。曾获得国家电网有限公司巾帼建功标兵、浙江省电力公司劳模、浙江电力优秀女工程师等荣誉称号。

王周虹劳模创新工作室是台州供电公司调控中心职工展示才能、岗位建功的平台，工作室弘扬“诚信、责任、创新、奉献”的核心价值观，精心组织开展技术攻关与职工培训活动，取得丰硕成果。近几年团队获省部级、地市级及行业级科技进步奖、管理创新成果奖、QC成果奖20多项，获国家发明专利授权15项，负责多项国家电网有限公司和省公司标准规范编制，负责编写并出版培训教材2本，并获多项荣誉。

徐红泉

工程硕士，高级工程师，高级技师，现为国网浙江省电力有限公司衢州供电公司调控中心自动化运维班班长，五级职员。浙江省工匠，国家电网有限公司优秀专家技能人才，浙江省电力公司劳模、优秀班组长，衢州市高技能人才创新工作室领衔人、浙江省电力公司劳模创新工作室带头

人，长期从事调度自动化及电力监控系统网络安全运维及专业管理工作。近年来，完成职工创新及各类项目20多项，完成6项省公司重点工程，获国家专利授权7项，获省部级、地市级及行业级科技进步奖、职工创新成果奖、QC成果奖10多项，发表论文5篇，负责编制省公司标准制度8项，编写并出版技能教材、题库3本，2次获评省公司“百对好师徒”。

第一章
概　　述

电力监控系统，指用于监视和控制电力生产及供应过程的、基于计算机及网络技术的业务系统及智能设备，以及作为基础支撑的通信及数据网络等，包括电力数据采集与监控系统（SCADA）、能量管理系统、变电站自动化系统、换流站计算机监控系统、发电厂计算机监控系统、配电自动化系统、微机继电保护和安全自动装置、广域相量测量系统、负荷控制系统、水调自动化系统和水电梯级调度自动化系统、电能量计量系统、实时电力市场的辅助控制系统、电力调度数据网络等。

电力监控系统是电力系统运行控制的中枢，是关系国计民生的关键信息基础设施。随着电力系统信息化、网络化、智能化建设的推进，“双碳”目标引领下的新业务、新场景、新模式的不断出现，网络环境日趋复杂，电力监控系统网络安全风险不断加大。电力监控网络安全遭到威胁时不仅会导致业务中断、数据泄露、系统无法使用等问题，而且对现实社会造成直接的、巨大的影响。因此，确保电力监控系统网络安全，是保障电网安全乃至国家安全的一项重要措施。

在电力系统对网络高度依赖的情况下，新型攻击工具、攻击手段、安全漏洞层出不穷，恶意代码侵害和黑客入侵严重威胁电力系统安全运行，包括勒索病毒、分布式拒绝服务（distributed denial of service，DDoS）攻击、高级持续性威胁（advanced persistent threat，APT）攻击等。针对电力系统的网络攻击，其典型案例有 2010 年伊朗“震网”病毒、2015 年乌克兰大停电等。

近几年，能源、电网、水利等关键基础设施领域多次成为网络攻击对象。2018 年 6 月，法国公司 Ingerop 遭网络攻击导致费森海姆核电站敏感数据泄露。2019 年 3 月，黑客利用思科防火墙中的已知漏洞针对美国电力公司发起拒绝服务（denial of service，DoS）攻击，导致该公司的控制中心和其各个站点的现场设备之间的通信中断。2020 年 5 月，委内瑞拉国家电网 765 干线遭受网络攻击，造成全国大面积停电；巴西电力公司、欧洲能源巨头 EDP 公司分别遭受了勒索软件攻击。2021 年 11 月，美国科罗拉多州的三角蒙特罗斯电力协会（DMEA）遭到网络攻击，此次攻击影响了公司提供给客户的所有支持系统、支付处理工具、计费平台和其他工具，并导致其 90%的内部系统瘫痪，25 年的历史数据丢失。2021 年 11 月下旬，澳大利亚电力供应商 CS Energy 遭到勒索软件攻击，勒索软件破坏了其公司网络上的设备。

2022 年 4 月，黑客组织使用了曾导致乌克兰大停电的恶意软件 Industroyer 的更新版 Industroyer2 及 CaddyWiper 数据擦除软件对乌克兰能源工控设施发起破坏性网络攻击，乌克兰应急响应小组立即采取了紧急措施，断开并停用了控制高压变电站的工业基础设施，最终成功阻止了这次攻击。Industroyer 是一款针对工业控制系统的新型攻击武器，该攻击武器可以直接控制断路器，导致变电站断电。部署 CaddyWiper 破坏性恶意软件是为了拖慢电力公司的恢复过程，使其无法在攻击后重新控制工控系统。Industroyer 恶意软件目前支持 IEC 60870-5-101、IEC 60870-5-104、IEC 61850 及 OPCDA（OLE for process control data access，过程控制中数据交换的软件标准）四种工控协议。这些协议广泛应用在电力调度、变电站、发电控制系统及需要对电力进行控制的行业。

这些网络攻击事件只是冰山一角，电力系统作为国家关键信息基础设施，已成为国家间“网络战”首选攻击目标，网络攻击对电力系统的安全运营造成了巨大威胁。由于电力系统与现代社会生产生活紧密相连，一旦遭受攻击就可能会造成社会生产受阻、交通瘫痪、人员伤亡、设备损坏等危害。因此，加强电力监控系统网络安全防护显得尤为重要。

第一节 电力监控系统网络安全制度与技术标准

为了加强电力监控系统的信息安全管理，防范黑客及恶意代码等对电力监控系统的攻击及侵害，保障电力系统的安全稳定运行，从 2002 年开始，电力行业主要监管部门发布了一系列电力监控系统网络安全防护管理规定。2017 年《中华人民共和国网络安全法》的实行，为我国网络安全治理提供了法律准绳。国家、电力行业两个层级的法律法规、规章制度和技术标准的执行，对提升电力监控系统网络安全防护能力，筑牢坚强网络安全防御体系，防范和遏制重大网络安全事件，保障电力系统安全稳定运行和电力可靠供应，具有重要意义。

与电力监控系统网络安全管理紧密相关的网络安全制度与技术标准主要包括国家法律法规与标准、电力行业规章与标准及电网公司内部管理制度等。

一、国家法律法规

（一）《中华人民共和国网络安全法》

《中华人民共和国网络安全法》（简称《网络安全法》）自 2017 年 6 月 1 日起施行，是我国第一部全面规范网络空间安全管理方面问题的基础性法律，是为保障网络安全，维护网络空间主权和国家安全、社会公共利益，保护公民、法人和其他组织的合法权益，促进经济社会信息化健康发展而制定的法律。《网络安全法》的实施，标志着我国网络空间法治化进程的实质性展开，在中国网络安全史上具有里程碑式的意义。《网络安全法》提出制定网络安全战略，明确网络空间治理目标，提高了我国网络安全政策的透明度；首次从网络安全保障基本法的高度提出关键信息基础设施的概念，强调在网络安全等级保护制度的基础上，对关键信息基础设施实行重点保护，并提出了关键信息基础设施保护的具体要求。《网络安全法》完善了网络安全义务和责任，加大了违法惩处力度；将监测预警与应急处置措施制度化、法治化。《网络安全法》为构筑网络安全基础，深化网络安全防护体系，为网络空间的整体安全和有序发展奠定了总基调。

（二）《中华人民共和国密码法》

《中华人民共和国密码法》（简称《密码法》）自 2020 年 1 月 1 日起施行，《密码法》是为了规范密码应用和管理，促进密码事业发展，保障网络与信息安全，维护国家安全和社会公共利益，保护公民、法人和其他组织的合法权益而制定的法律，是中国密码领域的综合性、基础性法律。密码是国家重要战略物资，密码法定义了密码的分类，将密码分为核心密码、普通密码和商用密码，国家实行分类管理，采取不同的管理制度。《密码法》对如何管理密码、如何使用密码、法律责任等方面进行了规定，还突出了对于密码的保护。《密码法》的颁布和实施，极大提升了密码工作的科学化、规范化、法治化水平，有力促进密码技术进步、产业发展和规范应用，切实维护国家网络空间主权安全，推动构建以密码技术为核心、多种技术交叉融合的网络空间新安全体制，对于加快密码法治建设、理顺国家安全领域相关法律法规关系、完善国家安全法律制度体系具有重要意义。

（三）《中华人民共和国数据安全法》

《中华人民共和国数据安全法》（简称“数据安全法”）自 2021 年 9 月 1 日起施行，这部法律是我国第一部有关数据安全的专门法律，也是国家安全领域的一部重要法律。“数据安全法”明确了国家实施大数据战略，对数据安全与发展、数据安全制度、数据安全保护义务、政务数据安全与开放、法律责任作了规定。“数据安全法”强调数据本身的安全，与“网络安全法”以及“个人信息保护法”一起，全面构筑中国信息及数据安全领域的法律框架。它的颁布施行对推进我国数据基础设施建设，促进以数据为关键生产要素的数字经济发展，保障数据依法有序自由流动，维护数据安全，保护个人、组织与数据有关的权益等具有重要意义。

（四）《关键信息基础设施安全保护条例》

《关键信息基础设施安全保护条例》（简称《条例》）自 2021 年 9 月 1 日起施行，《条例》从我国国情出发，针对关键信息基础设施安全保护工作当中存在的短板问题、薄弱环节，在细化《网络安全法》有关规定的基础上，将实践证明比较成熟的一些做法上升为法规制度。《条例》明确了关键信息基础设施的定义、范围和认定程序，有利于国家明确网络安全保护的重点对象，采取有力措施，实施重点保护。同时对关键信息基础设施保护的管理体系进行了细化，明确了关键信息基础设施保护的职责分工、监督管理部门职责、保护工作部门职责、关键信息基础设施风险评估要求等关基安全保护要求和保障措施，确保对象具体、权责清晰、任务明确，为关键信息基础设施保护工作提供了指引和工作依据。《条例》的发布有利于进一步健全关键信息基础设施安全保护法律制度体系，为我国深入开展关键信息基础设施保护工作提供有力的法治保障，推动开启我国关键信息基础设施保护的新格局。

二、电力行业规章

（一）《电力监控系统安全防护规定》（国家发改委第14号令）

《电力监控系统安全防护规定》2014年8月1日由中华人民共和国国家发展和改革委员会令第14号公布，自2014年9月1日起施行。《电力监控系统安全防护规定》是为了加强电力监控系统的信息安全管理、防范黑客及恶意代码等对电力监控系统的攻击及侵害、保障电力系统的安全稳定运行而制定的法规。《电力监控系统安全防护规定》针对配电网、分布式电源广泛使用无线公网进行数据通信的实际情况，提出了在生产控制大区内设置“安全接入区”的理念，并明确了相关的技术规定和要求，进一步拓宽了电力监控系统安全防护体系的覆盖范围；对与电力生产、供应密切相关的电力监控系统，包括110kV及以下低压配电网、核电站、风电、光伏等可再生/分布式能源监控系统，根据其具体功能及实际特点，有针对性提出了相关的安全防护措施；同时对生产控制大区内部分二次设备，从设备选型及配置、漏洞及风险整改等方面提出了相关的要求，使电力监控系统安全防护体系从重点强化“边界防护”向“纵深防御”发展。

（二）《电力监控系统安全防护总体方案等安全防护方案和评估规范》（国能安全〔2015〕36号文）

《电力监控系统安全防护总体方案等安全防护方案和评估规范》（以下简称《方案和评估规范》）于2015年2月4日发布，《方案和评估规范》确定了电力监控系统总体安全防护体系总体框架，细化了电力监控系统安全防护总体原则，定义了通用和专用的安全防护技术和设备。《方案和评估规范》以“安全分区、网络专用、横向隔离、纵向认证”为原则，提出了省级以上调度中心、地县级调度中心、发电厂、变电站、配电站等的监控系统安全防护方案，综合采用防火墙、入侵检测、主机加固、病毒防护、日志审计、统一管理等多种手段，为监控系统的安全稳定运行提供可靠环境。同时，提出了电力监控系统安全防护评估的总体要求、工作形式、评估内容、评估方法、实施流程和评价标准等。

（三）《电力行业网络安全管理办法》（国能发安全规〔2022〕100号）

《电力行业网络安全管理办法》是对《电力行业网络与信息安全管理办法》（国能安全〔2014〕317号）的修订，于2022年12月23日发布。《电力行业网络安全管理办法》重点围绕电力行业网络安全各环节，明确了国家能源局及其派出机构、负有电力行业网络安全监督管理职责的地方能源主管部门和电力调度机构的有关职责及工作内容，规定了电力企业在关键信息基础设施安全保护、网络产品和服务采购、风险评估、监测预警和信息通报、应急能力建设、重要时期安全保障、事件应急处置、容灾备份、数据安全、资金保障、人才培养、专用安全产品管理及总结报送等方面的有关要求。

（四）《电力行业网络安全等级保护管理办法》（国能发安全规〔2022〕101号）

《电力行业网络安全等级保护管理办法》是对《电力行业信息安全等级保护管理办法》（国能安全〔2014〕318号）的修订，于2022年11月16日发布。《电力行业信息安全等级保护管理办法》在指导电力企业落实国家政策法规要求、规范开展网络安全等级保护工作方面发挥了重要作用。针对近几年电力系统结构日趋复杂、网络边界日益扩大、网络安全形势动态变化等问题，国家能源局对其进行了修订。《电力行业网络安全等级保护管理办法》重点围绕电力行业网络安全等级保护各环节，明确了电力行业网络安全保护等级划分和等级保护工作原则，将电力行业网络安全等级保护原则由“自主定级、自主保护”修订为“分等级保护、突出重点、积极防御、综合防范”，并规定了国家能源局及其派出机构、电力企业及网络安全等级保护测评机构对电力行业网络安全等级保护定级、审核、建设、测评、检查及密码管理等方面的有关要求，以及法律责任。《电力行业网络安全等级保护管理办法》为电力行业网络安全等级保护管理工作提供了规范保障。

三、国家标准

（一）《电力监控系统网络安全防护导则》（GB/T 36572—2018）

《电力监控系统网络安全防护导则》（GB/T 36572—2018）于 2019 年 4 月起实施。GB/T 36572—2018 规定了电力监控系统网络安全防护的基本原则、体系框架、防护技术、应急备用措施和安全管理要求。适用于发电、输配电、用电、电网调度等电力生产各环节的电力监控系统安全防护，覆盖其规划设计、研究开发、施工建设、安装调试、系统改造、运行管理、退役报废等各阶段。GB/T 36572—2018 基于电力监控系统建立体系不断完善、分区分级重点保护、网络专用多道防线、全面融入安全生产和管控风险保障安全的网络安全防护基本原则，通过安全防护技术、应急备用措施和全面安全管理建立三维立体安全防护体系，三个维度互相支持、互相融合、动态关联，并不断发展进化，形成动态的三维立体结构，以适应电力监控系统安全性、可靠性、实时性、分布性和系统性等特性。GB/T 36572—2018 提出的立体安全防护体系极大提高电力监控系统的安全性，对于电力监控系统全生命周期的安全防护建设具有极强的指导意义和参考价值。

（二）《电力信息系统安全等级保护实施指南》（GB/T 37138—2018）

《电力信息系统安全等级保护实施指南》（GB/T 37138—2018）于 2019 年 7 月起正式实施，用来指导和规范电力信息系统安全等级保护工作。GB/T 37138—2018 明确了电力信息系统安全等级保护实施的基本原则、角色和职责，以及定级与备案、测评与评估、安全整改、退运等基本活动，给出了电力信息系统等级保护实施各阶段的具体工作流程、工作内容和方法。GB/T 37138—2018 结合电力行业实际，充分总结吸收行业经验与教训，提出了指导电力信息系统安全等级保护实施工作的标准，对电力行业等级保护实施工作具有高度的借鉴意义。

（三）《电力监控系统网络安全评估指南》（GB/T 38318—2019）

《电力监控系统网络安全评估指南》（GB/T 38318—2019）于 2020 年 7

月1日正式实施。GB/T 38318—2019作为GB/T 36572—2018的配套标准，主要针对防护导则中的安全防护体系进行评估指导。“评估指南”规定了电力监控系统网络安全评估工作的评估内容和评估形式、系统生命周期各阶段的安全评估、评估流程及方法、安全防护技术评估、应急备用措施评估、安全管理评估，适用于各电力企业电力监控系统规划阶段、设计阶段、实施阶段、运行维护阶段和废弃阶段的网络安全防护评估工作。GB/T 38318—2019的发布，对指导电力企业提升和完善电力监控系统的立体安全防护体系、筑牢坚强网络安全防御体系、防范和遏制重大网络安全事件、保障电力监控系统安全稳定运行和电力可靠供应具有重要意义。

（四）《信息安全技术 关键信息基础设施安全保护要求》（GB/T 39204—2022）

《信息安全技术 关键信息基础设施安全保护要求》（GB/T 39204—2022）于2023年5月1日正式实施。GB/T 39204—2022给出了我国的关键信息基础设施安全保护工作以“关键业务为核心的整体防控、风险管理为导向的动态防护、信息共享为基础的协同联防”作为三大基本保护原则。“三大基本保护原则”的制定标志着我国网络安全工作正式迈进体系化建设新阶段，在等级保护制度的基础上，对重点行业和领域及保护对象实行重点保护，构建关键信息基础设施安全防护体系。GB/T 39204—2022明确了关键信息基础设施安全保护工作的六个主要内容及活动，具体包括分析识别、安全防护、检测评估、监测预警、主动防御和事件处置，覆盖了关键信息基础设施安全保护的全生命周期，从而指导运营者对关键信息基础设施进行全生命周期的安全保护工作。GB/T 39204—2022的颁布，为关键信息基础设施的运营者、网络安全服务机构等开展安全保护工作提供指引和依据，有助于进一步提升国家关键信息基础设施安全保障能力和水平，推动我国网络强国战略实施、数字经济的健康良性发展。

（五）网络安全等级保护2.0标准

网络安全等级保护制度是我国网络安全领域的基本国策、基本制度，2007年和2012年期间陆续颁布实施的《信息安全等级保护管理办法》和

《信息安全等级保护基本要求》等一些主要标准，构成网络安全等级保护1.0的标准体系。网络安全等级保护1.0标准在中国推行信息安全等级保护制度的过程中起到了非常重要的作用，被广泛应用于各个行业或领域指导用户开展信息系统安全等级保护的建设整改、等级测评等工作。经过10余年的实践，网络安全等级保护2.0相关国家标准于2019年5月10日正式发布，2019年12月1日起开始实施。网络安全等级保护2.0标准规定了网络安全等级保护的第一级到第四级等级保护对象的安全通用要求和安全扩展要求，在网络安全等级保护1.0时代标准的基础上，注重主动防御，从被动防御到事前、事中、事后全流程的安全可信、动态感知和全面审计，实现了对传统信息系统、基础信息网络、云计算、大数据、物联网、移动互联网和工业控制信息系统等级保护对象的全覆盖。网络安全等级保护2.0的发布，是对除传统信息系统之外的新型网络系统安全防护能力提升的有效补充，是贯彻落实《中华人民共和国网络安全法》、实现国家网络安全战略目标的基础。

四、行业标准

（一）电力监控系统网络安全防护技术导则（DL/T 2335—2021）

DL/T 2335—2021规定了电力监控系统网络安全防护的总体要求、网络安全防护要求及措施，以及网络安全防护设计、安全管理中心设计。适用于发电、输电、配电、变电、电网调度等各电力生产环节的电力监控系统网络安全防护，涵盖其规划、设计、建设、运行等阶段。

（二）电力监控系统设备及软件网络安全技术要求（DL/T 2337—2021）

DL/T 2337—2021规定了电力监控系统应用软件、基础软件、通用硬件设备及核心芯片的网络安全技术要求。适用于指导设备制造商及软件开发商，开展电力监控系统设备及软件网络安全功能的设计、开发及产品研制等。电力监控系统设备及软件的网络安全检测也可参考使用。

（三）电力监控系统网络安全并网验收要求（DL/T 2338—2021）

DL/T 2338—2021确立了电力监控系统网络安全并网验收要求的总体

原则，规定了基础设施、体系结构、系统本体的安全要求。适用于调度机构、变电站、电厂电力监控系统建设实施阶段的网络安全并网验收工作。

（四）并网发电厂变电站电力监控系统安全防护验收规范（DL/T 2192—2020）

DL/T 2192—2020 规定了并网发电厂涉网部分、变电站电力监控系统安全防护验收的管理要求和技术要求，适用于 35kV 及以上电压等级并网发电厂电力监控系统涉网部分和变电站（含换流站、开关站、用户站）电力监控系统安全防护验收，包括新建、改（扩）建工程以及在运并网发电厂和变电站为满足电力监控系统安全防护要求而开展改造工程的安全防护验收。

五、国家电网有限公司内部制度

国家电网有限公司全面贯彻落实党中央、国务院关于网络安全工作决策部署，以及《中华人民共和国网络安全法》等法律法规要求，多措并举加强电力监控网络安全工作，发布了一系列管理规定和技术要求。主要包括《国调中心关于加强电力监控系统安全防护常态化管理的通知》（调字〔2016〕102 号)、《国家电网公司电力监控系统等级保护及安全评估工作规范》(调网安〔2018〕10 号)、《电力监控系统网络安全事件应急工作规范（试行)》(调网安〔2018〕10 号)、《电力监控系统网络安全事件应急预案》(国家电网调〔2019〕362 号)、《电力监控系统网络安全管理规定》及《电力监控系统网络安全运行管理规定》（国家电网企管〔2020〕436 号)、《电力监控系统网络安全监测能力验证评估办法》（调网安〔2022〕7 号)、《电力监控系统网络安全强化措施》（调网安〔2022〕42 号)、《国家电网公司电力安全工作规程（电力监控部分)》（国网安质〔2018〕396 号）等。这一系列管理规定和技术要求，为提升电力监控系统网络安全防护能力，筑牢坚强网络安全防御体系，防范和遏制重大网络安全事件，保障电力系统安全稳定运行和电力可靠供应，提供了全方位指导，确保电力监控系统安全防护的可控、能控、在控。

近几年发布并在执行的电力监控系统相关的网络安全制度与技术标准

如图 1-1 所示。

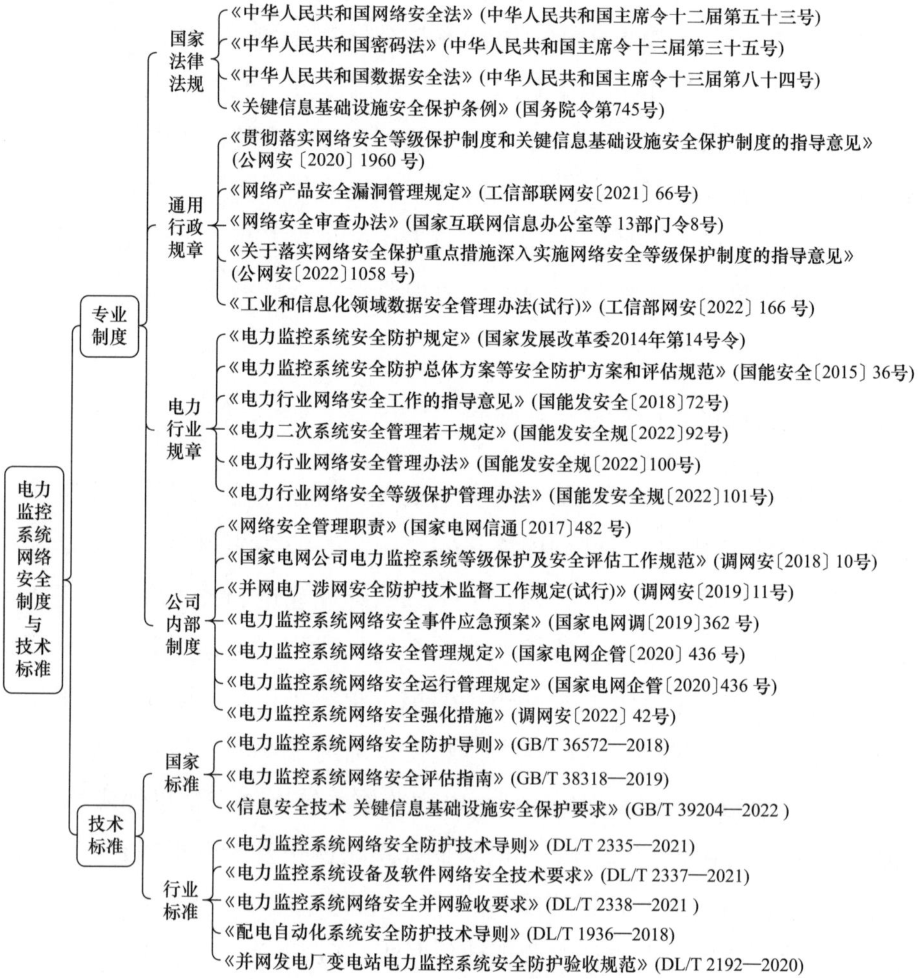

图 1-1 网络安全相关制度与技术标准

电力监控系统是电力系统的“神经中枢”，其网络安全关系电网运行及电力供应安全，对保障国计民生具有重要意义。随着国家政策法律体系日益健全，多部法律法规正式施行、行业规定密集出台、配套技术标准陆续发布，电力监控系统网络安全要求正逐步地严格与细化。这些要求都为完善电力监控系统网络安全防护体系建设、推动网络安全空间治理、支撑网络安全专业有序发展等方面发挥着基础性、规范性、引领性作用。

第二节　变电站监控系统网络安全现状

变电站作为电力发电、输电、变电、配电过程中的关键基础设施和重要枢纽，对国计民生、公共利益有着重大意义。变电站监控系统是用于监视和控制变电站电气设备运行的、基于计算机及网络技术的业务系统。变电站监控系统是电力监控系统的重要组成部分，是电网安全稳定运行的基础技术支撑，变电站监控系统网络安全防护对保障整个电力系统安全运行有着重要意义。

一、变电站监控系统架构

变电站监控系统基于监控主机和综合应用服务器，统一采集与存储变电站一次和二次设备模型、图形和操作记录、运行信息、告警信息和故障录波等历史数据，为站端和远方监控/调度中心的各类应用提供数据查询、访问和控制服务。变电站监控系统设备分为站控层设备、间隔层设备和过程层设备及其他设备。其中站控层设备主要包括监控主机、数据通信网关机、综合应用服务器；间隔层设备主要包括测控装置、同步相量测量装置、网络报文记录与分析装置；过程层设备主要包括合并单元、智能终端；其他设备主要包括交换机、时间同步装置、电能量采集装置、电力调度数据网接入设备（接入路由器、接入交换机）、电力监控系统安全防护设备（网络安全监测装置、纵向加密认证装置、防火墙、横向隔离装置）、监控系统专用逆变电源。

过程层设备完成与一次设备相关的功能，包括实时运行电气量的采集、设备运行状态的监测、控制命令的执行等。间隔层设备汇总过程层设备实时数据信息，完成与过程层和站控层的数据通信传输功能，并实现对一次设备的保护控制功能。站控层设备提供变电站内运行的人机联系界面，实现管理控制间隔层、过程层设备等功能，形成全所监控、管理中心，并与远方监控/调度中心通信。变电站监控系统架构如图 1-2 所示。

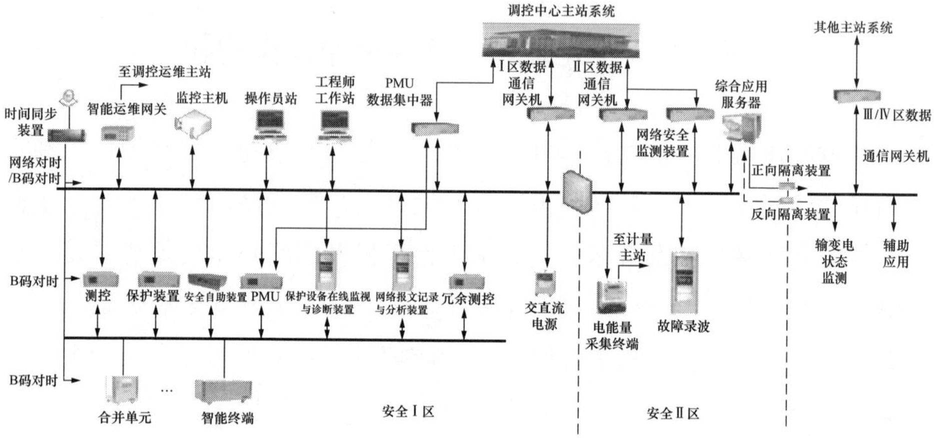

图 1-2 变电站监控系统架构图

二、变电站监控系统安全防护基本原则

根据国家发展和改革委员会 2014 年第 14 号令《电力监控系统安全防护规定》和国家能源局 2015 年 36 号文《电力监控系统安全防护总体方案等安全防护方案和评估规范》要求，为保障变电站监控系统的安全稳定运行，需要对变电站监控系统进行系统化的安全防护。变电站监控系统安全防护的总体原则是“安全分区、网络专用、横向隔离、纵向认证”。

(1) 安全分区：变电站监控系统划分为生产控制大区和管理信息大区，生产控制大区分为安全防护控制区（安全区Ⅰ）与非控制区（安全区Ⅱ）。其中，监控主机、Ⅰ区数据通信网关机、测控装置、同步相量测量装置、网络报文记录与分析装置属于安全Ⅰ区设备；综合应用服务器、电能量采集设备、Ⅱ区数据通信网关机等属于安全Ⅱ区设备；Ⅲ/Ⅳ区数据通信网关机属于管理信息大区设备。

(2) 网络专用：电力调度数据网应当在专用通道上使用独立的网络设备组网，在物理层面上实现与电力企业其他数据网及外部公共数据网的安全隔离；同时划分为逻辑隔离的实时子网和非实时子网，分别连接控制区和非控制区。

（3）横向隔离：变电站生产控制大区和管理信息大区之间通信应当部署经国家指定部门检测认证的电力专用横向单向安全隔离装置。安全区Ⅰ与安全区Ⅱ之间采用具有访问控制功能的网络设备、安全可靠的硬件防火墙或者相当功能的设备，实现逻辑隔离、报文过滤、访问控制等功能。

（4）纵向认证：变电站与调度端生产控制大区通过电力调度数据网进行通信时，在生产控制大区与广域网的纵向连接处应当设置经过国家指定部门检测认证的电力专用纵向加密认证装置或者加密认证网关及相应设施，采用认证、加密、访问控制等技术措施实现数据的远方安全传输及纵向边界的安全防护。

变电站监控系统安全防护逻辑示意如图 1-3 所示。

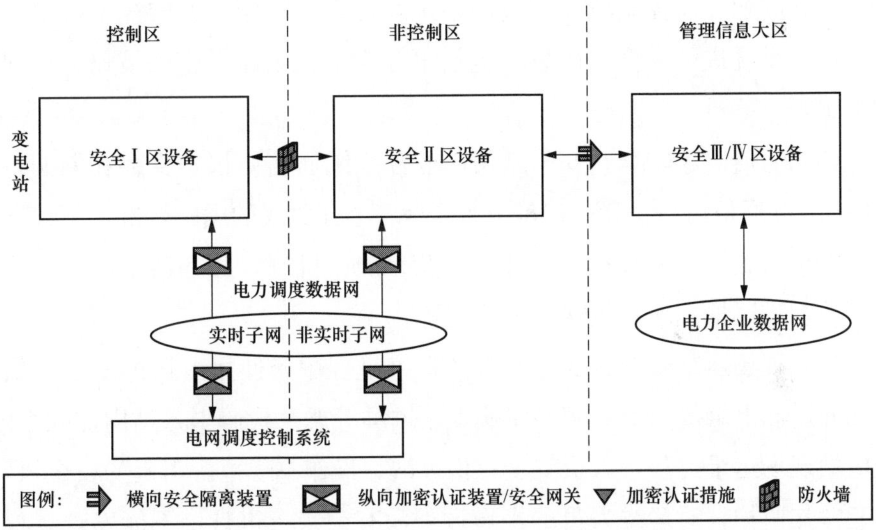

图 1-3　变电站监控系统安全防护逻辑示意图

第三节　变电站监控系统网络安全风险

变电站监控系统网络安全是动态的，随着新一代变电站二次系统、集控站系统的推广应用，新业务、新场景快速发展，网络边界不断延伸，终端设备大大增加，数据交互更加广泛，变电站电力监控系统安全防护面临新的挑战。

一、变电站监控系统网络安全隐患

智能变电站的高度集成化、网络化、互操作性、开放性等特点，网络边界及接入终端日渐增长，导致变电站监控系统面临外部网络的渗透、病毒和木马等恶意代码程序风险。变电站监控系统主要网络安全隐患包括：

（1）系统边界安全：变电站部分现场终端信息采集采用无线通信等接入方式，5G移动通信、物联网等新技术应用使得网络更加开放，暴露面增大，安全边界模糊且不可控。

（2）设备本体安全：监控系统设备存在操作系统和数据库漏洞、监控软件等漏洞，监控系统主机存在默认开启高危端口、默认共享、弱口令等安全基线问题。监控主机存在应用系统底层安全问题，如监控主机很少对底层操作系统进行安全的配置，包括未开启审核策略、密码策略、访问控制限定等。

（3）通信协议安全：变电站站内业务系统通信协议本身存在漏洞，如IEC 61850通信协议。IEC 61850标准是一个开放式的国际标准，不包含特定的安全措施，缺乏授权、认证、校验、加密机制，服务请求向任意访问者开放，难以抵抗恶意报文攻击等问题。

（4）现场运维安全：变电站现场运维过程中未使用专用的安全可信的移动介质和电脑等工具，容易将病毒、木马等恶意代码引入站内监控系统；变电站现场运维过程中人员安全意识欠缺、操作不规范等引起的安全风险；缺乏操作监护，对运维人员的操作过程没有记录、审计，不能发现越权访问、异常操作等行为。

（5）运行安全监测：变电站在各层缺少流量监测审计措施，对异常流量不能监测，无法监测到利用MMS（manufacturing message specification，制造报文规范）、GOOSE（generic object oriented substation event，面向通用对象的变电站事件）、SV（sampled value，采样值）等协议漏洞进行攻击的恶意程序以及误操作、违规操作等行为。

（6）设备安全合规：核心产品供应链安全管理不足，专用安防设备在设计、生产、流通等环节的安全保密措施不严；相同厂家设备、系统、软件存在通用性引起的安全问题，如不同的变电站监控系统设备、软件可能存在 IP 地址、账号、密码等敏感信息雷同的情况。

二、变电站监控系统网络安全隐患可能引发的后果

变电站监控系统存在网络安全隐患，可能被恶意程序利用，导致监控系统数据遭到破坏、变电站运行出现故障等问题，对电力生产构成巨大威胁。网络安全隐患可能引发的后果包括：

（1）截获：非法获取变电站与其他系统之间传输的信息或者非法获取变电站网络中存储的信息，造成电力生产数据泄露。

（2）中断：使变电站内部或与其他系统之间的通信中断，使调度主站对变电站失去控制权，无法了解变电站的运行工况，主站的控制命令也无法正确执行。

（3）篡改：更改变电站与其他系统之间传输的信息或者变电站内遥控命令、修改定值命令等，引发开关跳闸、保护误动或拒动、业务系统崩溃，进而造成一次设备故障，导致电网事故，严重时可导致大面积停电事故。

（4）恶意程序感染：包括计算机蠕虫、木马、逻辑炸弹等计算机病毒，严重影响变电站系统运行的正确性、实时性和可靠性，并可能使监控系统瘫痪，影响电网运行实时监视与控制。

（5）非法授权：非法用户得到授权后，夺取变电站操作控制权，发送非法控制命令。或逐级渗透至国家电力调度中心，造成关键资料和敏感数据外泄，将对电网安全和国家安全造成重大威胁。

变电站监控系统作为电力系统生产、传输环节中的重要一环，其重要性不言而喻。在网络渗透、攻击威胁手段的不断进化和翻新的形式下，仅依靠静态的设备防护难以满足目前的网络安全要求，需要在现有的安全防护的基础上，进一步完善变电站监控系统网络安全防护体系，并逐步推进安全可信模块、防恶意代码系统、安全态势感知的应用，实现网络安全风险“全面可观、精确可测、高度可控”，保障变电站监控系统安全稳定运行。

第二章
变电站监控系统网络安全防护体系

近年来全球电力系统网络安全事件频发，网络安全形势异常严峻，对变电站监控系统的恶意网络攻击可能造成大规模停电等严重事故。随着变电站监控系统对网络依赖程度的逐步提高，对它的网络安全防护提出了更高的要求。本章主要介绍变电站监控系统安全防护目标、安全防护体系架构及其相关防护设备和关键技术。

第一节　变电站网络安全防护目标

根据《中华人民共和国网络安全法》对网络安全的定义，网络安全指通过采取必要措施，防范对网络的攻击、侵入、干扰、破坏和非法使用及意外事故，使网络处于稳定可靠运行的状态，以及保障网络数据的完整性、保密性、可用性的能力。对于变电站监控系统而言，网络安全防护的主要目标是抵御黑客、病毒和恶意代码等通过各种形式对变电站监控系统发起的恶意破坏和攻击，以及其他非法操作，防止变电站监控系统瘫痪和失控，并由此导致的变电站一次系统事故。

近年来，国家电网有限公司积极开展电力监控系统网络安全监测预警、态势感知等技术平台建设工作，按照“设备自身感知、监测装置就地采集、平台统一管控”的原则，地级及以上调控机构建设网络安全管理平台，变电站实现网络安全监测装置部署全覆盖。运用实时监视、预警告警、定位溯源、审计分析、闭环管控等先进适用功能，全面监测变电站监控系统服务器、工作站、网络设备、安防设施等设备的网络安全状况，严格管控外部网络访问、外部设备接入、用户登录、人员操作等各类网络事件，实现变电站监控系统“外部侵入有效阻断、外力干扰有效隔离、内部介入有效遏制、安全风险有效管控”的安全防控目标。

外部侵入有效阻断：对于非授权的外部登录、外部设备接入、病毒传播和外部攻击恶意行为能够通过网络控制等手段进行实时阻断。

外力干扰有效隔离：对不以直接攻击为目的的干扰变电站监控系统网络安全运行或渗透窃取内部信息的行为，能够通过有效手段对涉及主机或设备进行有效隔离。

内部介入有效遏制：对于内部用户的越权访问、非正常操作，可及时进行遏制，使危险操作或恶意行为被有效阻止。

安全风险有效管控：对于各项安全配置上存在的隐患、运行软件自身存在的缺陷及漏洞、管理规则的侵犯等安全风险，能够通过核查、监视、控制等手段及时发现和控制。

第二节 变电站监控系统安全防护体系架构

为保障电力生产的安全运行，抵御黑客利用操作系统漏洞、业务系统后门的恶意入侵，防止通过计算机病毒或恶意代码进行破坏和攻击，根据《电力监控系统网络安全防护导则》（GB/T 36572—2018）及《信息安全技术 网络安全等级保护基本要求》（GB/T 22239—2019）相关要求，应从安全防护技术、应急备用措施和全面安全管理三个维度构建变电站监控系统网络安全防护体系。变电站监控系统安全防护体系基本结构示意图如图 2-1 所示。

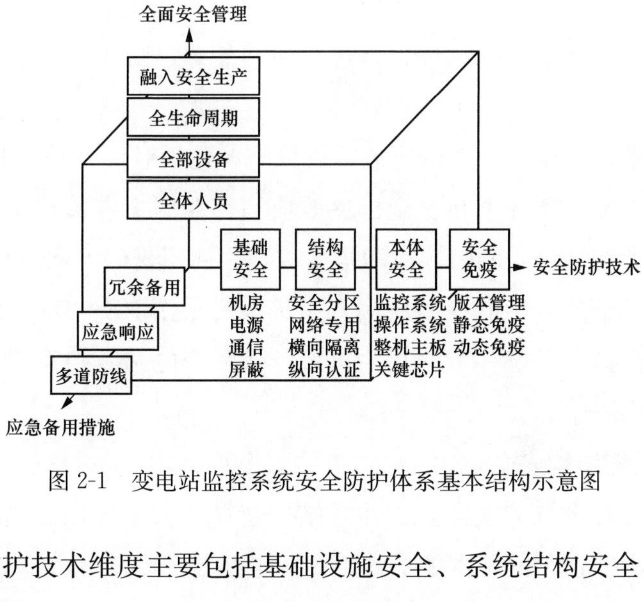

图 2-1 变电站监控系统安全防护体系基本结构示意图

安全防护技术维度主要包括基础设施安全、系统结构安全、系统本体安全、可信安全免疫等；应急备用措施维度主要包括冗余备用、应急响应、多道防线等；全面安全管理维度主要包括全体人员安全管理、全部设备安全管理、全生命周期安全管理、融入安全生产管理体系。三个维度相互支撑、相互融合、动态关联，并不断发展进化，形成动态的三维立体结构。

网络安全防护体系应当融入变电站监控系统的规划设计、安装调试、运行管理等各个阶段，随着计算机技术、网络通信技术、安全防护技术、电力控制技术的发展而不断发展完善。

一、安全防护技术

（一）基础设施安全

变电站监控系统设备的运行环境应当具备防震、防风、防雨的能力，并采取有效的防水、防静电、防雷击、防盗窃、防破坏措施；场地应避免设在建筑物的高层或地下室，以及用水设备的下层或隔壁。机房应配置电子门禁系统及具备存储功能的视频、环境监控系统以加强物理访问控制。

变电站监控系统中的关键设备应冗余配置，冗余设备应由不同的电源回路供电；使用交流电源的重要设备应由专用的逆变电源供电；应对网络设备、安防设备上空闲的物理端口进行封堵处理，防止未经允许的调试设备接入。

变电站监控系统中使用的密码基础设施，包括对称密码、非对称密码、摘要算法、调度数字证书和安全标签等应当符合国家有关规定，并且通过有关机构的检测认证。同时，应积极推进国家商用密码 SM2 算法在电力专用纵向加密认证装置中的深度应用，逐步替代采用 RSA 算法的数字证书，确保密码算法这一关键环节的自主可控，保障变电站监控系统信息安全基础设施的安全可信。

（二）系统结构安全

变电站监控系统的安全防护体系结构遵循“安全分区、网络专用、横向隔离、纵向认证”的基本防护策略，变电站监控系统业务信息流如图 2-2

所示。

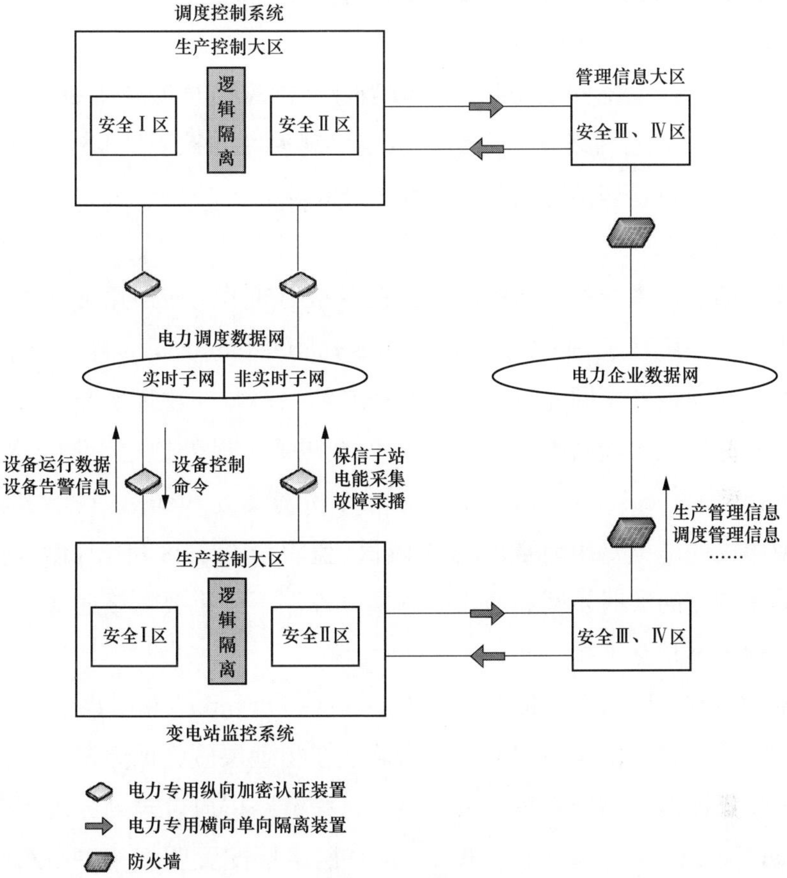

图 2-2　变电站监控系统业务信息流

1. 安全分区

根据《电力监控系统安全防护规定》要求，变电站监控系统的网络应划分为生产控制大区和管理信息大区。其中生产控制大区又分为控制区（安全Ⅰ区）和非控制区（安全Ⅱ区）。控制区负责变电站内部、变电站监控系统与调度主站数据的实时业务传输，上行信息包括设备运行数据、告警信息，下行信息主要涉及设备控制命令，是变电站监控系统的核心部分，它的网络安全直接影响一、二次设备的稳定运行；非控制区主要包括保护信息子站、电能量采集、故障录波等非实时业务的上行信息流，原始数据从控制区获取。区域的安全边界应采取必要的安全防护措施，禁止任何穿越生产控制大区和管理信息大区之间边界的通用网络服务（如 HTTP、TELNET、FTP、RLOGIN 等）。

变电站监控系统安全防护体系应当遵循国家信息安全等级保护要求，准确划分监控系统网络安全等级。生产控制大区的控制区安全等级最高，非控制区次之，管理信息大区安全等级最低。

2. 网络专用

变电站监控系统的生产控制大区在专用的通道上应使用独立的网络设备来组网，采用基于 SDH（synchronous digital hierarchy，同步数字体系）技术的不同通道、不同光波长、不同纤芯等手段，在物理层面上实现与其他网络分区以及系统外部公用网络的安全隔离。另外通过 MPLS-VPN 技术（multi-Protocol label switching-virtual private network，基于多协议标签交换协议的虚拟专用网络）、安全隧道技术等将控制区和非控制区从逻辑上划分为独立的实时子网和非实时子网，确保不同重要等级业务数据传输的独立性，不相互干扰。

生产控制大区数据通信的 OSI（open system interconnect，开放式系统互联）七层协议均应采用相应安全措施，在物理层应将电力调度数据网与管理信息大区网络物理隔离、分屏布置，在链路层应合理划分虚拟局域网（virtual local area network，VLAN），在网络层配置明细的主站路由和虚拟专用网络（virtual private network，VPN）供电力调度数据网使用，在传输层应通过纵向加密认证装置设置专用的加密隧道，在会话层应采用安全认证技术，在表示层应有数据加密，在应用层应采用电力调度数字证书和安全标签进行身份认证。

3. 横向隔离

变电站内生产控制大区和管理信息大区之间应部署通过国家有关机构检测认证的电力专用横向单向安全隔离装置，并按照信息流的单向传输方向分为正向安全隔离装置和反向安全隔离装置，其隔离强度应接近或达到物理隔离，只允许单向数据传输，禁止 HTTP、TELNET 等双向服务通信。生产控制大区内部的安全区（控制区和非控制区）之间应采用具有访问控制功能的设备、防火墙或者相当功能的设施，实现逻辑隔离。

正向安全隔离装置主要用于生产控制大区的重要数据向管理信息大区的单向数据传输，例如监控系统的遥测数据经过正向安全隔离装置的处理，转换为特定的文件格式传输至管理信息大区进行解析并使用。

反向安全隔离装置则用于管理信息大区向生产控制大区传输文件的场景，数据传输需要通过证书认证，并且仅支持特定格式的文件传输。

4. 纵向认证

在生产控制大区与广域网纵向边界处，应设置通过国家有关机构安全检测认证的电力专用纵向加密认证装置，用于控制区、非控制区的广域网边界防护，安装于变电站的电力调度数据网交换机（实时、非实时）及对应的路由器设备之间。保证变电站数据通信网关机和调度主站前置设备的安全加密通信、身份认证，保证数据传输的机密性、完整性、安全性。

（三）系统本体安全

变电站监控系统的本体安全指监控系统的各个组成部分应该能够实现自身的安全，包括软件安全（源代码、应用程序）和硬件安全（设备、芯片），可以分为监控系统软件的安全、操作系统和基础软件的安全、计算机和网络设备及电力专用监控设备的安全、核心处理器芯片的安全，均应采用安全、可控、可靠的软硬件产品，并通过国家有关机构的安全检测认证。

为确保变电站监控系统运行过程中本体安全的长期可靠，应定期开展网络渗透测试，对监控主机、数据通信网关机、交换机等设备进行漏洞扫描，及时发现操作系统或基础软件中可能存在的高危风险漏洞。针对存在的操作系统漏洞、中间件漏洞等可能造成变电站监控系统被迫停运、失去监控的高危漏洞，应及时采取措施进行加固。

1. 变电站监控系统软件安全

变电站监控系统中的应用软件，在部署、投运前应经过国家有关机构的安全检测认证和代码安全审计，严防恶意软件、代码的植入。

监控系统软件设计时应该融入安全防护理念和措施，采用模块化设计，合理划分各个业务模块，分离到不同的安全区，保证核心模块（如遥控等涉及变电站安全稳定运行的业务）正常工作。

2. 操作系统和基础软件安全

变电站监控系统中的操作系统、数据库、中间件等基础软件应通过国家有关机构的安全检测认证，防范基础软件存在恶意后门植入。应当采用满足安全可靠要求的国产操作系统、国产数据库，使用时合理配置、启用安全策略。最小化安装需要的组件和应用程序，及时离线升级系统安全补丁，补丁更新前通过充分的测试。

3. 计算机、网络设备和电力专用监控设备的安全

接入变电站监控系统的计算机、网络设备，测控装置、继电保护装置、安全稳定控制装置、智能电子设备等，应通过国家有关机构的安全检测认证，防范设备硬件上存在恶意芯片。逐步推进监控系统核心设备国产化，提升电网本质安全水平，实现变电站监控系统全面自主可控，有效预防电网系统性风险。

生产控制大区的计算机和网络设备，同样应最小化配置，并启用必要的安全策略。关闭各网络设备、计算机设备的通用网络服务、无用空闲端口，拆除或封闭不必要的存储设备接口（包括光驱、USB 等）。

4. 可信安全验证

可信安全验证指变电站监控系统及设备（如监控主机）启动时，对其操作系统或基本输入输出程序（basic input output system，BIOS）进行度量，若操作系统或 BIOS 被篡改，则发出报警，并将验证结果形成审计记录上送至网络安全管理平台；未被篡改则不进行报警，正常启动。可信安全验证实质上是对设备软件或者硬件的完整性进行验证。

二、应急备用措施

应急备用措施主要从数据备份及关键设备的冗余备用、应急响应、多道防线三个方面实现变电站监控系统的安全监测和应急管理。

（一）冗余备用

冗余备用的目的是变电站监控系统在外部或自身发生故障时能够快

速恢复，保证现场一、二次设备监控的连续性，让调度人员能够实时掌握设备信息。冗余备用的方式主要包括硬件设施的双机备用和设备数据备份。

硬件设施的双机备用包括监控主机、数据通信网关机、电力调度数据网设备等双重化配置，两套设备同步运行，其中任一设备发生故障时，不影响监控系统业务正常工作。数据备份包括监控后台软件及数据库、数据通信网关机配置、调度数据网设备配置的备份等，当设备发生故障需要更换时，能够使用备份数据进行快速恢复；变电站监控系统工作前，都应按照规定备份可能受到影响的设备程序、配置文件、运行参数、运行数据和日志文件等。

（二）应急响应

应建立变电站监控系统的应急机制，制定相关制度和应急处理预案，并定期开展协同演练；当生产控制大区出现安全事件，尤其是遭到黑客、恶意代码攻击和其他人为破坏时，应按应急处理预案，立即采取安全应急措施，报告上级业务主管部门和安全主管部门，必要时可断开生产控制大区与管理信息大区之间的横向边界连接，在紧急情况下可协调断开生产控制大区与下级或上级控制系统之间的纵向边界连接，以防止事态扩大，同时注意保护现场，以便进行调查取证和分析。上级业务主管部门和安全主管部门也应将安全事件及时通报相关电力企业，形成联合防护机制。

（三）多道防线

变电站监控系统在防止安全事件方面，构建面向外部公共因特网、管理信息大区、生产控制大区的横向多道防线，打造纵深防护体系，实现高安全等级控制区安全防护强度的累积效应，如图 2-3 所示。变电站和上级生产控制大区、上级管理信息大区之间也采用了相应的安全措施，如图 2-4 所示。同时各变电站与各级电网调度控制中心部署内网安全监视措施，实时监测相关横向和纵向防线上的安全告警，一旦发生网络安全事件能够快速响应、及时处置，实现各防线联合防御。

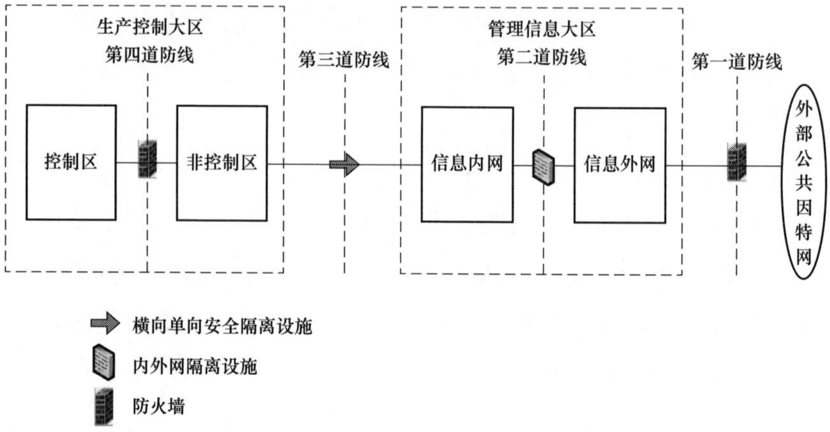

图 2-3　变电站监控系统横向防线示意图

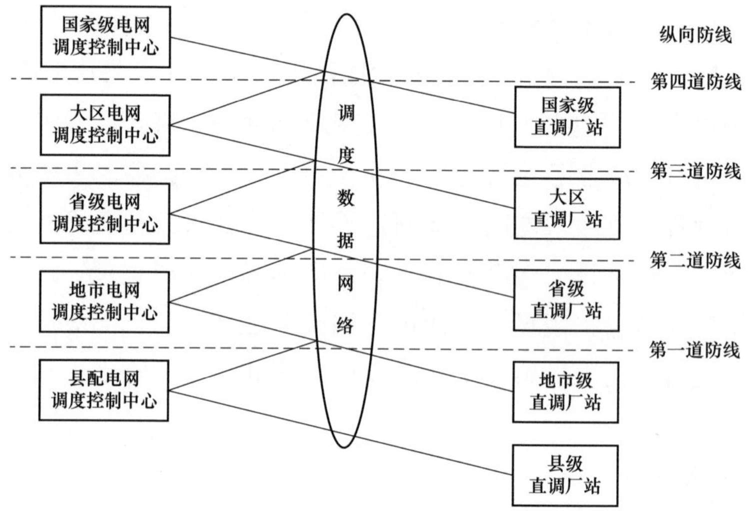

图 2-4　变电站监控系统纵向防线示意图

另外，作为多道防线的措施，可在调度数据网路由器上设置访问控制列表（access control lists，ACL），对接口上的数据包进行过滤，封堵高危端口，防止网络攻击。借助于访问控制列表，可以有效地控制用户对网络的访问，从而最大限度地保障网络安全。也在调度数据网交换机上设置包过滤功能，对该端口收到的 IPv4 报文进行过滤。

三、全面安全管理

按照“谁主管、谁负责；谁运营、谁负责；谁使用、谁负责”的原则，将变电站监控系统的网络安全管理融入安全生产管理体系中，健全变电站监控系统安全防护的组织保证体系和安全责任体系。

（一）人员安全管理

按照《电力监控系统作业“十禁止”》要求，强化对变电站监控系统安全防护管理、运行、维护、使用等全体人员的安全管理和培训教育，特别要加强现场厂家维护及评估监测等第三方人员的安全管理，提升作业人员网络安全意识，防范不规范作业带来的网络安全风险，提高变电站监控系统网络安全整体管控水平。

（二）全部设备安全管理

对变电站监控系统中全部业务系统软件版本、硬件设备，特别是安全防护设备建立完善的设备台账，实行全方位安全管理。

变电站监控系统及设备和通用、专用安防设备禁止选用被国家相关部门检测通报存在漏洞和风险的特定系统及设备；相关系统、设备接入变电站监控系统网络时应制订接入方案，采取相应安全防护措施，并定期进行安全风险评估，针对发现的漏洞、问题及时加固。

（三）全生命周期安全管理

变电站监控系统及设备在规划设计、设备选型、安装调试、竣工验收、运行管理等全生命周期阶段应采取相应的全面安全管理。

变电站监控系统及设备网络安全的建设工作应遵循“同步规划、同步建设、同步使用”的原则。变电站监控系统应选用自主可控、安全可靠的国产软硬件产品，并确保符合国家与行业信息系统安全等级保护的要求，严禁选用被国家相关部门检测通报存在漏洞和风险的系统及设备。基建阶段电力调度数据网及安防设备调试完毕后，按已投运设备进行管理，严禁任何调试工具擅自接入调度数据网络，业务接入需履行申请批复流程。监控系统安装调试结束后，应按照相关规程进行验收，涉及网络安全的内容应有完整的验收项目，纳入全站整体验收范围同步验收，经验收合格后方可投入运行。

除基本功能外，220kV 及以上电压等级变电站监控系统及设备上线投运前应开展等级保护测评工作，110kV 及以下电压等级变电站监控系统及设备上线投运前应开展安全评估。还应按照安全加固相关要求进行测试，确保设备投运时不存在高危的网络安全漏洞。

变电站网络安防设备运行信息应统一接入调控机构的网络安全管理平台，实现对变电站网络安全运行状态和告警的实时监控。网络安防设备应纳入变电站日常巡视设备范围。同时监控系统网络安全纳入自动化技术监督体系，常态化开展技术监督工作。

第三章
变电站监控系统安全防护设备及技术

变电站监控系统利用电力专用纵向加密认证装置、电力专用横向单向安全隔离装置、防火墙等安全防护设备，构建满足“安全分区、网络专用、横向隔离、纵向认证”要求的栅格状安全防护体系。同时采用入侵检测技术、漏洞扫描技术、调度数字证书系统、恶意代码防范、网络安全监测等技术加强监控系统网络安全防护。本章节主要介绍变电站监控系统安全防护设备的基本功能和工作原理，并介绍通用的安全防护技术。

第一节　变电站监控系统安全防护设备

变电站监控系统安全防护设备主要包括电力专用纵向加密认证装置、横向单向隔离装置、电力调度数字证书系统、防火墙、入侵检测装置、恶意代码防范装置、网络安全监测装置、安全堡垒机等，它们构建了变电站监控系统网络安全环境，保障变电站监控系统和业务的安全。

一、电力专用纵向加密认证装置

纵向加密认证装置部署于变电站调度数据网交换机和路由器之间，用于变电站生产控制大区的广域网边界防护，为广域网提供认证与加密，实现数据传输的机密性、完整性保护，同时具有安全过滤功能。

(一) 基本功能

纵向加密认证装置主要包含策略访问控制和隧道加解密两个基本功能。

1. 策略访问控制功能

纵向加密认证装置通过配置策略来定义通信数据包的源目的地址、源目的端口、协议等内容，并形成白名单。当数据包经过设备转发时，校验策略，只有在符合原定策略的情况下，数据包才能实现转发。

如果进入装置的数据包中的信息与某一条策略相匹配并且策略预定的规则允许本数据包通过，则该数据包会被转发；如果与某一条过滤规则匹配但是规则拒绝数据包通过，则数据包会被丢弃。如没有可匹配的规则，则通过缺省规则来决定数据包被转发还是被丢弃，纵向加密认证装置默认丢弃。

2. 隧道加解密功能

纵向加密认证装置需要成对使用，变电站内装置和主站端装置分别持有本端的设备密钥和对端的设备证书，其通信过程分为两个阶段：第一步，双方利用非对称加密技术及散列算法协商建立加密隧道，并得到对称密钥；第二步，再使用电力专用硬件加密算法对需要传输的报文进行密文传输。

密钥协商及隧道建立的过程如图 3-1 所示，首先由一台纵向加密认证装置发起隧道协商的请求，另一台纵向加密认证装置作出协商应答，协商过程中利用非对称加密算法得到随机数 A 和随机数 B，最后通过摘要算法对随机数 A 和随机数 B 进行处理生成一个对称密钥，此密钥主要用于后续实际数据传输时的加解密。

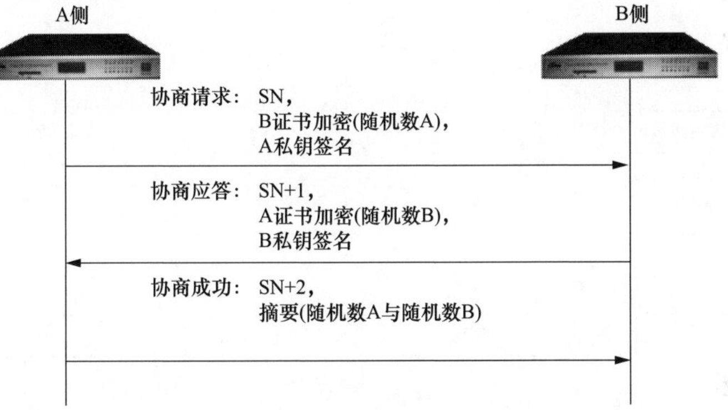

图 3-1 纵向加密认证装置协商过程

（二）加密算法

1. 对称加密算法

对称加密算法按照加密模式，常用的可以分为 ECB（electronic code-book，电码本）模式、CBC（cipher block chaining，密码分组链接）模式、CFB（cipher feed back，密码反馈）模式等。

ECB 模式用于纵向加密认证装置与装置管理中心之间数据的加解密，原理如图 3-2 所示。其原理是将原始数据分成若干组，每组数据的大小与加密的密钥长度相同，并使用同样的密钥进行加密，如图 3-1 所示。

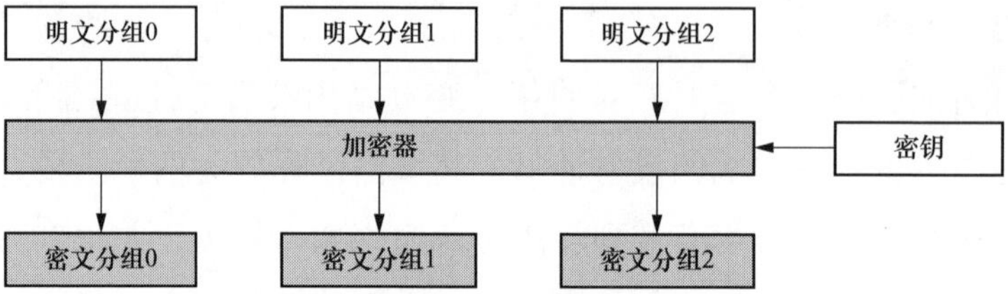

图 3-2　ECB 加密模式

CBC 模式用于业务系统之间数据的加解密，原理如图 3-3 所示。其原理是将明文分成固定长度的块（block），将前一个加密块输出的密文与下一个加密的明文块进行异或运算，再将计算结果用密钥加密得到密文。第一块明文块加密时，由于前面没有加密的密文，则使用一个指定的初始向量（initialization vector，IV）作为替代。CBC 模式的安全性能相较 ECB 模式更好。

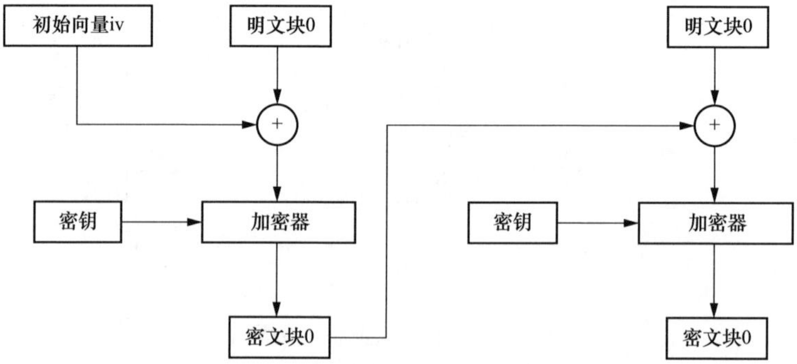

图 3-3　CBC 加密模式

在纵向加密认证装置中，对称加密算法的硬件实现是通过电力专用加密算法及专用硬件加密芯片，主要用于隧道内数据传输的加密。其密码和算法仅存在于系统密码处理单元的安全存储区中，与应用系统完全隔离，不能通过任何非法手段进行访问。确保了设备自身的安全性能。

2. 非对称加密算法

非对称加密算法采用双密钥的加密方式，公钥负责加密，私钥进行解密，意味着只要保证了私钥的安全分发，即便公钥直接在通道中传输也不会有安全问题。常见的非对称加密算法有 RSA（1024 位）和 SM2（256 位）国密椭圆曲线算法。

RSA 算法基于一个十分简单的数论事实：将两个大素数相乘十分容易，但想要对其乘积进行因式分解却极其困难。但是它的缺点主要在于运算代价高、速度慢，且密钥长度随着保密级别提高，增长的幅度较大。RSA 算法与 SM2 算法比较见表 3-1。

表 3-1　　RSA 算法与 SM2 算法比较

比较项	RSA	SM2
标准规范	国际算法	国家商用密码算法（简称国密算法）
是否公开	是	是
安全性	中（1024 位的 RSA 被认为安全性不足）	高（强度高于 2048 位的 RSA 算法）
运算速度	慢	快于 1024 位的 RSA

3. 单向散列函数

单向散列函数又称哈希（Hash）函数，指把任意长度的输入值变化成固定长的输出串的一种函数。此输出称为消息的杂凑值（哈希值）。输入值任意一个比特的变化，在经过哈希函数处理后，都会导致输出值发生较大的变化，以这种方式来保证数据传输的完整性，提高数字签名的有效性。

二、电力专用横向单向隔离装置

电力专用横向单向隔离装置部署在变电站安全Ⅱ区核心交换机和安全Ⅲ区核心交换机之间，按照所传输信息的流向不同，可以分为正向隔离装置和反向隔离装置，用于横向不同安全分区之间的数据交互。

（一）基本功能

横向隔离装置从硬件和软件两个方面实现安全隔离：在硬件层面采用专用的安全隔离部件；软件方面设置了多级过滤的访问控制、使用专有的安全协议和加密验证机制，从而能够进行不同安全级别网络之间的数据交换，阻断生产控制大区和管理信息大区之间的 TCP/IP 网络连接，隔离强度达到物理隔离防护水平。横向单向隔离装置配置示意图如图 3-4 所示。

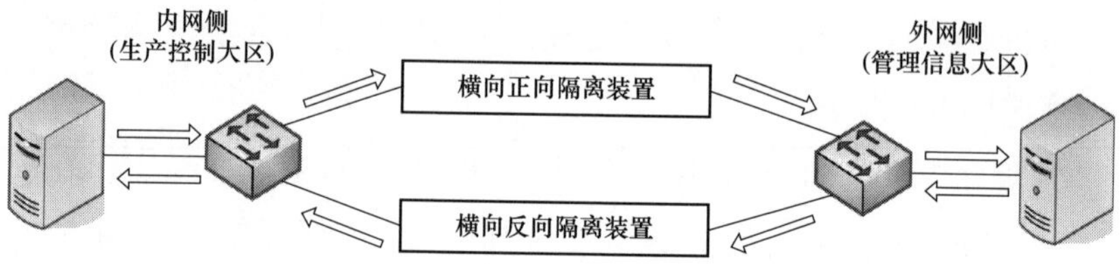

图 3-4 横向单向隔离装置配置示意图

1. 正向安全隔离

正向安全隔离装置用于生产控制大区到管理信息大区的非网络方式的单向数据传输，以实现两个安全区之间的数据安全交换。支持基于 MAC、IP 传输协议、传输端口（即通信方向）的综合报文过滤和访问控制，将生产控制大区服务器与管理信息大区服务器之间的 TCP 连接分解为两台服务器到横向隔离装置对应虚拟网卡的 TCP 虚拟连接，横向隔离装置对应的两张网卡在其内部是非网络连接，只允许数据单向传输，返回值要求单比特传输（0x00 或 0xFF），防止由外向内携带应用数据。

2. 反向安全隔离

反向安全隔离装置用于管理信息大区到生产控制大区的非网络方式的单向数据传输，是管理信息大区到生产控制大区的唯一传输路径。由于管理信息大区的安全性较低，反向安全隔离装置还应具备数据内容的有效性检查、基于数字证书的数据签名/解签名功能，从而实现两个安全区之间的数据传递，并且仅允许 E 文本文件或者纯文本文件通过。

（二）关键技术

横向隔离装置的关键技术包括隔离技术、单向传输技术、割断穿透性的 TCP 连接技术、安全内核技术。

1. 隔离技术

隔离技术即安全通道技术，通过专用通信硬件和专有安全协议等安全机制，实现内外部网络的隔离和数据交换，在确保网络隔离的情况下高效地实现内外网的数据交换，透明支持多种网络应用。

2. 单向传输技术

物理隔离的技术架构建立在单向安全隔离的基础上。以正向安全隔离装置为例，当变电站生产控制大区向管理信息大区传输数据时，生产控制大区的服务器立刻发起对横向隔离装置的数据连接，横向隔离装置将封装的各层协议剥离，并把原始的比特流写入高速传输通道，同时对数据进行完整性和安全性检验，传输过程如图 3-5 所示。

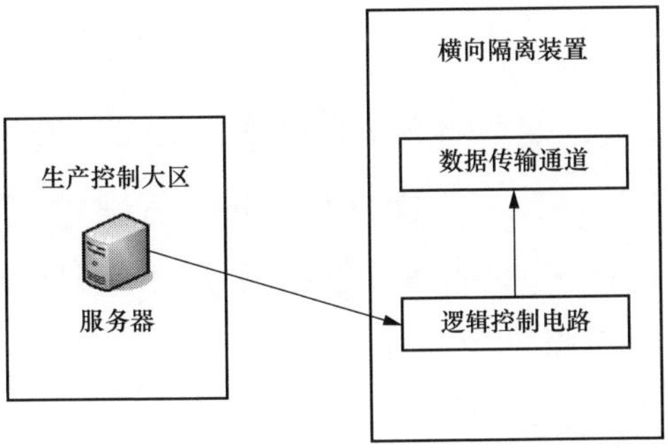

图 3-5　内网数据写入过程

生产控制大区将传输数据完全写入横向隔离装置后，横向隔离装置立即切断与生产控制大区服务器的连接，并将内部安全传输通道的数据推向隔离设备外网侧（即管理信息大区侧），隔离设备外网侧收到数据后，向管理信息大区服务器发起数据连接，并各层协议的数据封装，最终交给管理信息大区服务器，如图 3-6 所示。当一次完整的数据交换完成，并将完成的信号发送至横向隔离装置的逻辑控制电路后，横向隔离装置立刻切断与管理信息大区服务器的连接。反向安全隔离装置的数据传输原理与上述相同。

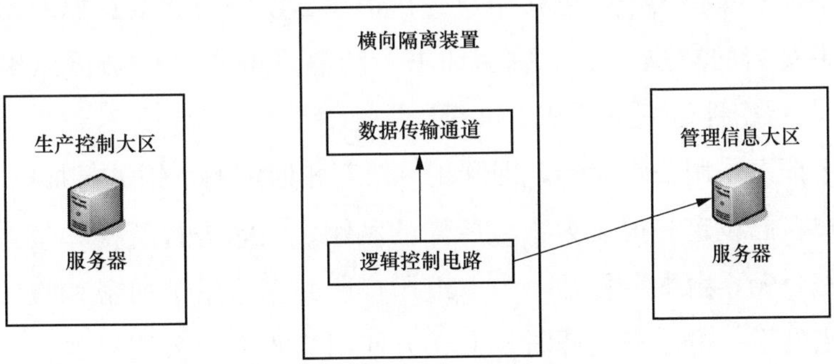

图 3-6　数据传向外网过程

3. 割断穿透性的 TCP 连接技术

横向隔离装置采用专用协议栈，对 TCP 状态、序列号、重传、最大报文长度等字段做了相应的改造，割断了穿透性的 TCP 连接，提高了设备的实时性和安全性。在数据分析过程中的复制次数、内存资源的开销等方面都要优于正常操作系统的 TCP 协议栈。

4. 安全内核技术

为保证隔离装置自身的安全，安全隔离装置对基于 Linux 操作系统的嵌入式安全内核进行了裁剪。内核中的功能仅包括用户管理、进程管理，并裁剪了 TCP/IP 协议栈和其他 Linux 自带系统功能，登录其操作系统命令行模式中无法执行任何的网络相关命令（如 IfCONFIG、PING、TELNET 等）。

三、电力调度数字证书系统

电力调度数字证书系统是面向电力调度相关业务提供数字证书、安全标签的签发及管理服务的信息安全基础设施。系统主要功能应用包括数字证书和安全标签的申请、审核、签发、撤销、发布及管理，同时具备密钥管理、系统安全管理等功能。电力调度数字证书系统作为保证电力业务安全的基础设施，保障变电站监控系统及数据的安全接入、安全传输和安全应用。

（一）数字证书技术

数字证书系统是一段包含用户身份信息、用户公钥信息以及身份验证机构数字签名的数据。使用数字证书系统签发的数字证书可以确保信息（数据）的保密性、完整性和不可否认性。

数字证书采用公钥体制，即利用一对互相匹配的密钥进行加密、解密。每个用户自己设定一把仅为本人所知的私钥，用它进行解密和签名；同时设定一把公钥，由本人公开，为一组用户所共享，用于加密和验证加验证签名。当发送一份保密文件时，发送方使用接收方的公钥对数据加密，而接收方则使用自己的私钥解密，这样信息就可以安全无误地到达目的地。

数字证书服务主要由认证中心（certificate authority，CA）来提供，CA 对整个证书系统而言是一个权威的、可信赖的、公正的第三方机构。其颁发的数字证书均遵循 X. 509 V3 标准。

（二）电力调度数字证书系统

电力调度数字证书系统在传统数字证书系统的基础上设计，是一种基于公钥技术的分布式数字证书系统，为变电站监控系统及电力调度数据网上的关键应用、关键用户和关键设备提供数字证书服务，主要用于生产控制大区，实现高强度的身份认证、安全的数据传输及可靠的行为审计。

电力调度数字证书系统将公钥基础设施（public key infrastructure，PKI）需要的功能完全集成在一台设备中，通过单级、离线工作方式，实现 CA 认证中心的所有功能。各级电力调度数字证书仅用于颁发本调度中心及调度对象相关人员、程序和设备证书。上下级电力调度数字证书系统通过信任链构成认证体系。

电力调度数字证书系统的认证中心分为三层结构，如图 3-7 所示。第一层为国调总根 CA，由 1024 位 RSA 算法自签名，是调度一级 CA，在体系内具有最高认证级别；第二层为网省调二级 CA，由国调总根 CA 签发，应用于网省级单位；第三层是由二级调度 CA 签发的三级调度 CA，用于地市级单位，是三级体系中最低级别的 CA。

图 3-7　电力调度数字证书认证模型

变电站监控系统数据、电能量计量系统数据、保护信息子站数据的传输都应支持加密认证机制，实现与调度主站系统的基于电力调度数字证书的身份认证和加密通信。

四、防火墙

防火墙部署于变电站监控系统安全Ⅰ区核心交换机和安全Ⅱ区核心交

换机之间，对生产控制大区内部两个不同安全区实现逻辑隔离和访问控制。

（一）基本功能

防火墙的主要功能是访问控制，根据自定义的访问控制策略，检查和控制两个安全区之间的数据流传输，只有防火墙安全策略允许的数据才能够通过。主体功能归纳为以下几点：

1. 提供基础的组网和防护功能

防火墙能够满足网络环境基础组网和攻击防御的需求。在网络联通的情况下限制非法用户发起的攻击。禁止存在安全脆弱性的服务和未授权的通信数据包进出网络。

2. 记录和监控网络存取和访问

所有进出信息都必须通过防火墙，所以防火墙可以收集关于系统和网络的操作信息并作出日志记录，并在访问动作受到阻拦时给出报警提示。

3. 限定外部用户的访问行为

防火墙通过用户身份认证（如 IP 地址）来确定合法用户，并通过事先确定的安全策略来决定外部用户可以使用的服务以及可以访问的内部地址。

4. 内部网络管理

利用防火墙对内部不同网段的划分可以实现网络中网段的隔离，防止一个网段中发生的问题直接影响到整个网络，限制了局部重点或敏感网络安全问题对全局网络造成的影响，保障网络内部敏感数据的安全。

（二）关键技术

根据防火墙的技术原理不同，可以将防火墙分为包过滤、应用代理两类。

包过滤防火墙又称网络级防火墙，是防火墙最基本的形式。其包过滤模块工作在网络层，通过检查每个报文的源地址、目的地址、传输协议、端口号、ICMP（internet control message protocol，互联网控制消息协议）消息类型等信息与预先设定的安全策略的匹配情况来决定是否允许该报文通过，还可以通过 TCP 序列号、TCP 连接的握手序列的逻辑分析等进行判断，从而抵御 IP 欺骗（IP spoofing）、TCP 洪水（SYN flood）、源路由

（source routing）等类型的攻击。过滤逻辑是由访问控制列表ACL定义的，包过滤防火墙检查每一条规则，直至发现包中的信息与某规则相符才放行；若都不符合，则使用默认规则。

应用代理防火墙工作在应用层，通过代理技术参与到一个TCP连接的全过程，所有通信都要由应用代理防火墙转发，客户端不允许与服务端建立直接的TCP连接。这种防火墙并不依靠包过滤工具来管理进出防火墙的数据流，而是通过每一种应用服务编制专门的代理程序，实现监视和控制应用层信息流的作用。

五、网络安全监测装置

变电站监控系统通过部署网络安全监测装置实现对站内服务器、工作站、网络设备、安防设施等设备的网络安全实时监测。

（一）基本功能

网络安全监测装置主要包括数据采集、告警上传、安全告警与分析、服务代理、本地安全管理等基本功能。

数据采集功能实现对主机、网络、安全防护设备、数据库的重要运行信息及安全告警信息采集，并采用电力系统标准通信规约将采集和分析的告警信息上送至主站网络安全管理平台。

安全告警与分析功能实现对主机关键文件变更、用户权限变更、危险操作、配置变更等事件进行安全性分析。此外，还能对运行过程中监视到非法访问、操作时产生的安全事件进行实时监视并形成告警。

网络安全监测装置通过服务代理形式提供多种远程调用功能，包括远程调阅数据信息、远程资产管理、参数配置管理、远程升级等功能。

本地安全管理功能包括资产管理、安全运行状态展示、告警管理以及装置运行状态监测。

（二）关键技术

主要包括面向设备的网络安全事件自身感知技术、基于网络安全监测装置的采集与通信技术、基于管理平台分级部署、协同管控等关键技术。

通过设备自身网络安全事件的感知，能够直接、高效地发现安全事件，网络安全监测装置实现对本区域相关设备网络安全数据的采集、处理，同时把处理的结果通过通信手段送到调度机构部署的网络安全监管平台，最终实现网络安全监视、告警、分析、审计、核查等应用功能在调控机构的分布式部署和协同管控。具体实现原理在第四章作详细介绍。

六、入侵检测系统

入侵检测技术指通过对计算机网络或者系统中的关键点进行信息收集并加以分析，从中发现不符合安全策略的行为或者外部攻击的迹象，同时发出报警信息，和防火墙进行配合从而阻断网络攻击行为，完成这一功能的软件和硬件的组合就称为入侵检测系统（intrusion detection system，IDS）。

（一）检测原理

根据检测技术原理不同，入侵检测分为行为入侵检测、特征入侵检测。

行为入侵检测是根据系统或用户的非正常行为，或者对于计算机资源的非正常使用，检测出入侵行为的技术。行为检测需要建立一个系统的正常活动状态，或用户正常行为的描述模型，操作时将用户当前行为模式或者系统的正常活动状态，与该正常模型进行比较，如果当前值超出了预设的阈值，则认为存在攻击行为。这项技术的关键在于用户和系统正常行为活动的模型建立，直接影响到行为入侵检测的准确度。

特征入侵检测也称为误用检测，是根据已知入侵攻击的信息（如知识、模式等）来检测系统中的入侵和攻击行为。特征检测需要对现有的攻击手段进行分析，建立能够代表该攻击行为的特征集合，操作时将当前数据处理后与这些特征集合进行匹配，如果匹配上则说明有攻击发生。这种检测技术只能基于已知的系统缺陷和入侵模式，因为每种已知的攻击行为都有明确的特征描述，但是无法检测系统未知的攻击行为，可能会产生漏报。

（二）检测过程

在变电站监控系统中，入侵检测系统通常配置于安全Ⅰ区、安全Ⅱ区的交换机镜像口，以镜像口监听模式部署，不影响原先的网络拓扑结构，入侵检测设备配置如图 3-8 所示。

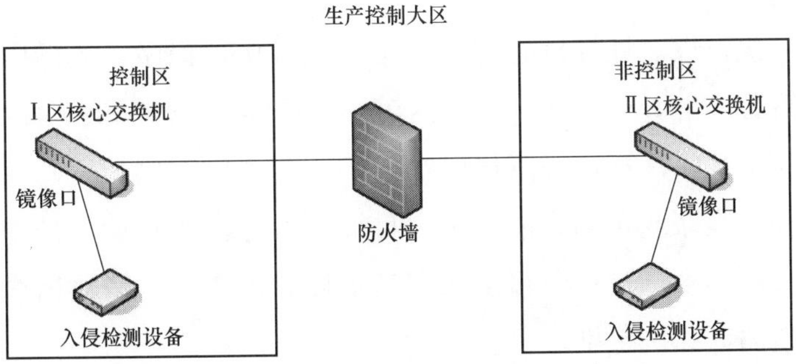

图 3-8　入侵检测设备配置

入侵检测系统的工作过程分为信息采集、信息分析和告警响应三个阶段。

入侵检测的第一阶段是信息采集，对受保护网络中的关键点设置若干个采集器，采集系统、网络、用户活动的状态和行为等信息。通过多个采集源的信息同时研判，更精准地辨识攻击行为。

信息分析是入侵检测的核心功能，主要对采集的数据、信息进行有效的整理、分析和提取，和现有的特征库相比较以鉴别出入侵行为。

最后，入侵检测系统应根据采集和分析的结果，及时地对入侵行为做出适当的响应，通常会通过向管理控制台告警、向网络管理平台发送 SNMP TRAP 报文、事件日志记录、执行自定义程序来告知系统管理员或主站平台目前正遭受入侵行为。

七、恶意代码防范

在网络安全事件中，恶意代码往往造成较大的经济损失。恶意代码主要包括计算机病毒（virus）、蠕虫（worm）、木马程序（trojan horse）、后门程序（backdoor）、逻辑炸弹（logic bomb）等。恶意代码防范技术指通过恶意代码监测预警、恶意代码预防、恶意代码扫描、恶意代码应急响应等措施来实现恶意代码防御的各种技术。本小节对恶意代码的特征和防范措施进行描述，恶意代码的详细内容将在第八章中介绍。

（一）恶意代码特征

恶意代码的特征主要包括：

（1）可执行性。计算机恶意代码是一段可执行程序，运行后会附加到其他可执行程序上，只有在计算机内运行时具备传染性和破坏性。

（2）传染性。计算机恶意代码在第一台宿主机上执行后，会搜寻符合其传染条件的程序或存储介质，确定目标后将自身代码插入其中，造成本机的大量文件感染，这一台宿主机与其他计算机产生网络数据交换后，又可能造成新的计算机感染。

（3）破坏性。恶意代码的破坏性主要取决于恶意代码设计者的目的，包括降低系统工作效率甚至系统崩溃、恶意破坏系统数据并使之无法恢复、攻击者使用算法加密重要文件以进行勒索、直接获取系统控制权限以进一步攻击等。

（4）潜伏性。潜伏性的第一种表现是需要使用专用的检测软件检查程序特征值才能够被发现；第二种表现是恶意代码内部通常存在一种触发机制，只有在触发机制满足时才会执行代码的核心部分。

（5）隐蔽性。恶意代码一般是具有很高编程技巧、短小精悍的程序，通常只有几百字节或一千字节，并且以隐藏文件、和系统文件名混淆的形式出现，一般用户难以立刻发现。

（6）针对性。恶意代码设计时都是针对特定类型的操作系统或者软件，根据一些已公布或者未知的漏洞专门设计，对系统、操作软件的类型和版本有一定要求。

（7）可触发性。恶意代码一般预定义了某种触发机制，可能是时间、日期、文件类型或者特定的数据等。

（二）恶意代码防范措施

单纯依靠技术手段无法有效地杜绝和防止恶意代码蔓延，只有把技术手段和管理机制紧密结合起来，才有可能从根本上保护变电站监控系统的安全运行。例如，从硬件设备和软件系统的使用、维护、管理等各个环节制定出严格的规章制度，对现场检修、运维人员、厂家工作人员加强网络安全教育，规范工作程序和操作规程，建立以防为主、以杀为辅、软硬互补、标本兼治的恶意代码防范模式。

通常在生产控制大区设置恶意代码防范措施，在恶意代码防范产品的规则库及特征码更新方面，采取了谨慎的更新策略，既要保证特征码的及时更新，又要对特征码更新进行充分的测试，并且禁止通过互联网进行在线更新。

1. 恶意代码终端防范

恶意代码终端防范主要包括以下三个措施：①创建紧急引导盘和最新紧急修复盘，紧急引导盘用于无法进入操作系统时对系统进行引导，进入DOS状态使用紧急修复盘对系统进行修复；②使用正版防恶意代码软件，能够及时更新病毒库和软件版本；③系统软件及时安装并升级补丁程序，防止恶意代码利用系统漏洞攻击用户的电脑。

2. 恶意代码服务器端防范

关闭服务器、工作站上不使用的端口、共享端口、关闭自动播放功能、不使用来历不明的软件及闪盘、安装防病毒系统并及时离线更新，这些方式都能够有效抵御站内服务器感染病毒或者切断病毒传播的途径。

3. 恶意代码网络防范

安装和设置防火墙及防病毒软件。在逻辑上，防火墙是分离器、限制器，也是分析器，它可以有效地监控内部和外部的恶意代码的任何网络访问活动，保证了内部网络的安全。防病毒软件对传统已知的恶意代码防御效果较好，但是对木马、蠕虫、脚本病毒和未知恶意代码的防御效果差。防火墙技术对蠕虫和木马防御效果较好。因此，可以考虑在重要服务器区域前端部署使用防病毒软件及防火墙，建立立体的防护体系，一旦遭受恶意代码攻击，立刻采取隔离措施。

八、安全运维网关装置

安全运维网关作为运维审计管控的一种技术手段，通过串接在运维终端与被运维对象之间，将工作班成员、运维工具等外部要素与被运维对象等内部要素进行隔离，通过权限分配、接入管控、过程管控和运维审计等关键技术，有效防范恶意代码、违规操作等网络安全风险，实现事前有防范、事中有监督、事后有审计的全过程网络安全管控。具体实现原理在第九章作详细介绍。

第二节　变电站监控系统安全防护技术

变电站监控系统通用的安全防护技术主要有身份认证、访问控制、数据安全、安全审计、安全加固、源代码安全、数据备份、可信免疫等，综合运用这些安全防护技术，保证合法用户能以规定的权限访问变电站监控系统，防止未经授权的非法访问，是保障变电站监控系统和数据安全的重要手段。

一、身份认证

变电站身份认证包括登录身份认证、配置软件认证和通信连接认证三个方面的要求，其中登录身份认证的要求在高可靠变电站中根据设备特点做了细分要求，配置软件认证和通信连接认证是新增的安全防护要求。

（一）登录身份认证

工作人员登录到变电站监控系统时需要经过身份认证。身份认证一般有 3 种方式：口令、生物特征或数字证书。口令即输入用户名和密码的方式，生物特征指通过指纹、人脸识别、瞳孔识别等生物手段直接识别身份，数字证书指通过 U 盾等移动存储设备内部存储的证书进行身份识别。根据对设备的安全防护等级的不同，身份认证可以使用一种手段，也可以要求使用多种手段的叠加。主机类设备要求使用两种以上认证方式，如监控系统主机一般要求在口令认证同时，具备通过 U-KEY 证书进行身份认证的手段。

不同类型的监控系统设备，其口令的长度和复杂度要求不同。口令的复杂度指需要包括的字符的类型和排列方式，字符的类型包括数字、字母和特殊字符，排列方式要求不得具备重复性和连续性。重复性指三位及以上均为同一字符或数字，连续性指三位及以上均为连续性字符或数字。

间隔层设备的身份认证方式要求采取口令认证方式。对于采用非触摸式液晶面板及按键实现人机交互的间隔层设备，要求口令长度不低于 4 位，口令复杂度要求不得具备重复性、连续性特征。带触摸式液晶面板、图形管理界面或依靠上位机实现人机交互的间隔层设备，主机设备、网关设备、网络交换设备、网络安防设备，身份鉴别信息复杂度要求口令长度不得小于 8 位，复杂度要求同时使用字母、数字和特殊符号的混合组合，不得具备重复性和连续性特征，且用户名和口令不允许相同。

监控系统设备内部的身份凭证信息，如用户名、口令、指纹数据等属于重要数据，需要按照数据安全的要求进行存储。对于异常的登录操作需要有防护手段。登录失败时要求结束会话、多次登录失败时要求锁定账户一段时间，登录超时，即用户登录后无操作，经过指定时候要自动退出登录。登录行为，无论成功或失败均要求记录到安全审计日志。如果用户执行重要操作，如在监控主机上进行遥控，在液晶面板投退软压板等，设备需要再次对用户身份进行认证方可放行。

（二）配置软件认证

非变电站监控系统本体固有的软件，如测控组态软件、网关机配置工具、交换机配置软件等配置工具类软件，需要与监控系统设备通过网络方式连接时产生了一个临时性的网络边界，配置软件认证即是对临时性边界的安全管控措施，配置软件在连接设备时的通信报文必须基于国密算法加密，密钥一致时才能通信。禁止使用明文通信与配置工具连接。

（三）连接身份认证

该认证是对于传输重要操作指令的链路的一种防护加强，如执行远方断路器控制的 104 通信链路、执行远方顺控的 CMS 通信链路等。这种类型的链路在建立连接时需检查身份的合法性，如基于网关机内置的数字证书进行确认。

二、访问控制

访问控制是变电站监控系统根据用户身份及其所属的预先定义的策略组限制其使用数据资源能力的手段。变电站监控系统目前主要使用的是基于角色的访问控制手段，其核心是三权分立的角色划分，辅助使用基于规则的访问控制手段。其中过程层设备基于点对点方式与间隔层设备连接，不要求访问控制手段。辅控传感器资源较低，数据敏感度较弱，也不要求访问控制手段。间隔层设备在和过程层设备、间隔层设备业务通信时，通过各项标识（包括 MAC 地址、应用程序标识 APPID）的一致性校验对过程层、间隔层设备进行接入控制。高可靠变电站继承了三权分立的角色划分原则，并对访问控制的粒度进行了细化。

（一）三权分立的角色划分

出于信息安全考虑，变电站监控系统不允许使用超级用户的管理权限，对超级用户管理权限按照“最小特权”原则分解。所谓“最小特权”，指在完成某种操作时所赋予网络中的每个主题必不可少的特权。信息安全中，一般指分解为三权，即配置、授权、审计，分别对应系统管理员、安全管理员和审计管理员角色。变电站监控系统则定义为操作员、管理员、审计员。

操作员主要对用户信息、厂家设置信息等进行配置管理，设备配置/数据等进行配置操作（如遥测参数、遥信参数、遥控参数、同期参数等配置）。管理员具有创建除审计员外的用户账户，并管理除自身外其他用户权限的能力。审计员的权限主要是查看并操作终端审计日志。审计用户可由审计管理人员创建或为内置的唯一用户，可采用远程查看方式。监控系统画面查看是公共权限，除了此功能外，不同类别的角色之间不能拥有交叉的公共权限，即不能出现某个用户同时拥有 3 种权限的 2 种或以上的情况。

（二）访问粒度

访问粒度指被访问控制的对象的规模大小。目前要求主体即发起访问的对象粒度为用户级，客体即被访问控制的对象为文件级、数据库表级、记录或字段级，粒度大小由设备安全防卫策略决定。

（三）白名单机制

白名单机制是一种基于规则的访问控制手段，监控系统设备需对允许合法访问的网络地址建立白名单，禁止白名单之外的网络访问。间隔层设备和网关设备、主机设备需要对接入的设备或主站系统执行白名单访问控制。

三、数据安全

变电站监控系统设备对其数据划分不同安全级别，并采用不同的访问控制权限进行管理。一般数据包括程序文件、配置文件、日志文件、录波文件、历史数据记录等，在存储过程中不需要加密和认证；口令、数字证书、指纹等生物识别数据，这些涉及身份识别安全的为重要数据，在存储时采用国密算法进行加密，访问时需要进行身份认证。

四、安全审计

安全审计指按照一定的安全策略，利用记录、系统活动和用户活动等信息，检查、审查和检验操作事件的环境及活动，从而发现系统漏洞、入侵行为或改善系统性能的过程。经过无线汇聚节点接入变电站监控系统网络的传感器类设备，硬件资源较低，不要求执行安全审计。

五、安全加固

安全加固就是消除变电站监控系统上存在的已知漏洞，提升变电站的安全等级。为支持日常安全加固工作，要求监控系统设备具备文件上传、下载的权限控制和校验功能。安全加固的措施如下：

（1）关注国家信息安全部门发布的漏洞信息，对于分类为高危和中危的漏洞及时修复。

（2）关闭使用易遭受恶意攻击的高危端口和高危服务。对于部署于生产控制大区的设备不允许使用 E-mail、WEB、RLOGIN、TFTP、SMB 等服务，相关端口要求关闭。

（3）关闭与业务无关的端口和服务。除制造商除声明的与运行相关的端口外，不允许有用途不明的端口开放。

使用桌面操作系统的主机设备，在运行时需要关注国家有关部门发布的操作系统漏洞，及时执行加固。

六、源代码安全

源代码是用特定编程语言编写的人类可读文本，源代码的目标是为可以转换为机器语言的计算机设置准确的规则和规范。因此，源代码是程序的基础。由于代码编写不规范等问题导致程序存在安全缺陷，可能造成程序运行异常、数据丢失等问题，也可能导致存在可被攻击者利用的安全漏洞。

根据《电力自动化系统软件安全检测规范》（Q/GDW 12196—2021）的要求，变电站监控系统软件不应存在违背安全编码规则、输入处理、输出处理、文件操作等安全要求内容；不应存在口令硬编码、软件后门、访问控制、密码管理、明文存储、异常管理等安全特征内容；不应存在资源泄露、越界访问、缓冲区溢出、命令注入、设计缺陷/业务逻辑等安全漏洞。

对于代码安全可通过代码安全扫描和代码审计进行检测：

（1）可使用代码安全扫描工具，通过代码编译、构建配置文件获取、规则匹配等检测环节，发现源代码缺陷。

（2）使用代码审计扫描工具对代码进行扫描，结合扫描结果对源代码进行人工审查，发现代码中存在的编码安全漏洞和业务安全漏洞，利用发现的代码漏洞进行渗透，验证漏洞的危害性。

七、备份与恢复

变电站监控系统及设备都要求具备配置文件、数据文件等关键数据的备份功能，运维工作中可通过备份文件进行系统或设备的运行恢复。应能提供备份文件导出工具，导出的配置文件应为密文，备份文件应妥善保管。

八、业务逻辑安全

业务逻辑安全属于监控系统设备本体安全的要求，由制造商在进行产品设计时实施。业务逻辑安全范畴比较开放，从使用者角度，有3个通用的基本要求：

（1）监控系统设备的软件应用要对输入和配置信息进行检查，保证输入值的合理性、语法的完整性、有效性和正确性，防止出现非法的误输入。

（2）应用软件在接受输入时，要对输入字符的长度进行限制，明确拒绝不正确长度的输入，防止被溢出攻击。

（3）执行业务操作时，监控系统设备反馈的信息必须是业务相关的，不能反馈与当前业务操作无关的信息。

对于间隔层设备的业务逻辑安全，要求禁止同一个时间响应多个控制操作命令，接收异常控制报文应能够识别并拒绝服务响应。对于网关设备，业务逻辑上需要注意，不应存在操作系统预置的默认路由。

九、可信免疫

可信免疫指监控系统设备及系统主动免疫的可信计算能力。可信计算（trusted computing，TC）是一项由可信计算组织（trusted computing group，TCG）推动和开发的技术。关于可信不同机构和组织的定义并未统一，在我国按照沈昌祥院士定义，可信计算系统是能够提供系统的可靠性、可用性、信息和行为安全性的计算机系统。系统的可靠性和安全性是现阶段可信计算最主要的两个属性。通俗理解就是采用运算和防护并存的架构，以防利用逻辑缺陷进行攻击的新计算模式，以密码基因产生抗体实施身份识别、状态度量、保密存储等主动免疫机制，及时识别“自己”和“非己”成分，从而破坏与排斥进入机体的非法访问和运行，相当于为计算机信息系统培育免疫能力。

（一）可信计算的原理

可信计算的核心思路是可信为基，信任度量。可信免疫在计算平台中，首先创建一个安全信任根，再建立从硬件平台、操作系统到应用系统的信任链，在这条信任链上从根开始一级测量认证一级，一级信任一级，以此实现信任的逐级扩展，从而构建一个安全可信的计算环境。

国际上主要以可信平台模块（trusted platform module，TPM）芯片为信任根，而国内出于安全需求，以可信密码模块（trusted cryptography module，TCM）芯片为信任根。无线传感器信息接入的可信链如图 3-9 所示。

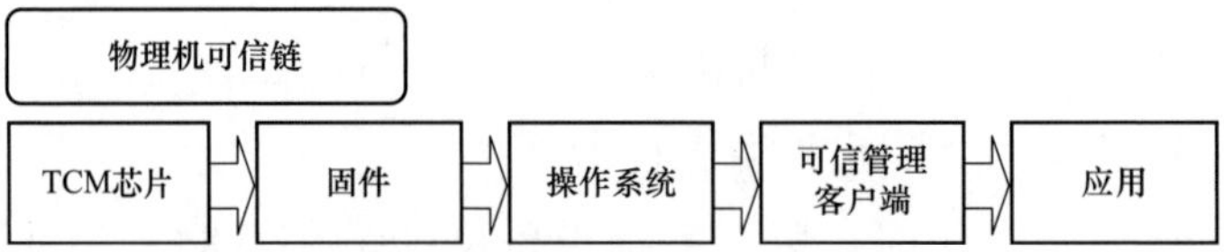

图 3-9 无线传感器信息接入示意

（二）可信度量方法

可信度量指对程序或文件的散列值进行计算并在其被访问时进行完整性校验，防止其被篡改。根据度量类型可以分为静态度量和动态度量。

静态度量通常指在运行环境初装或重启时对其镜像的度量。度量是逐级的，通常先启动的软件对后一级启动的软件进行度量，度量值验证成功则标志着可信链从前一级软件向后一级的成功传递。静态度量的结果通过云上可信管理服务来验证，以判断系统是否被改动。

动态度量和验证指在系统运行时动态获取其运行特征，根据规则或模型分析判断系统是否运行正常。

第四章
变电站监控系统网络安全监测

变电站监控系统安全防护设备（如纵向加密装置、防火墙等），仅限于边界安全检测和防护，缺乏本体安全监测，无法全面管控整个变电站的网络安全态势，因此需要构建从静态到动态、从被动到主动的立体纵深防御体系，实现网络空间安全的实时监控和有效管理。本章主要介绍变电站网络安全监测管控体系及实现手段。

第一节　网络安全监测管控体系

按照“监测对象自身感知、监测装置分布采集、管理平台统一管控”的原则，构建变电站监控系统网络安全监测管控体系，实现网络空间安全的实时监测和有效管控。

监测对象自身感知：主机设备、安全防护设备、网络设备等采用自身感知技术，产生所需网络安全事件并提供给网络安全监测装置，同时接受网络安全监测装置对其的命令控制。

网络安全监测装置分布采集：网络安全监测装置将主机设备、安全防护设备、网络设备等监测对象上送的信息进行采集、处理，同时把结果通过调度数据网送到调度机构部署的网络安全管理平台。

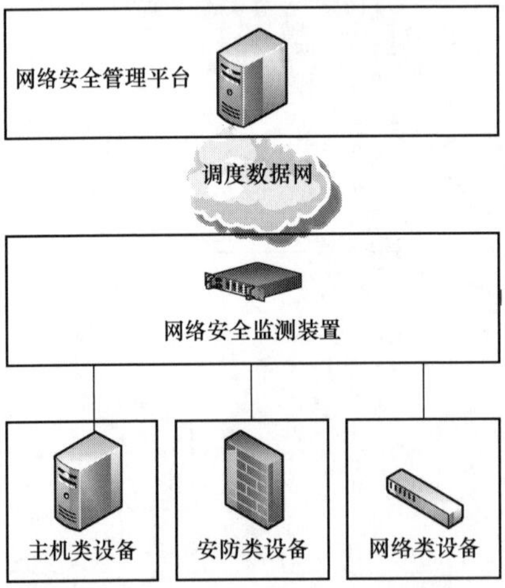

图 4-1　网络安全监测管控体系

网络安全管理平台统一管控：网络安全管理平台部署于调度主站，全面采集所管辖范围内变电站网络安全监测装置上报的事件信息，进行告警分析处理，同时调用监测装置提供的服务实现远程的控制与管理，同时具备安全监视、安全告警、安全审计、安全分析、安全管控、核查评估、态势感知等高级应用功能。网络安全监测管控体系如图 4-1 所示。

一、网络安全管理平台

网络安全管理平台是对电力监控系统的安全风险和安全事件进行实时的监视和在线管控的系统，平台分别部署在国（分）、省、地各级调控中心，通过数据级联实现各级平台的数据互通。在调度主站部署Ⅰ型网络安全监测装置采集调度主站网安信息，在厂站部署Ⅱ型网络安全监测装置采集厂站网安信息；数据网边界部署数据网关机，为安全数据采集汇总功能提供支撑；应用服务器部署于平台内网，为数据存储、平台基础支撑功能、安全应用功能提供支撑；在服务器上部署身份认证加密卡，用于管理平台身份认证相关功能，实现纵向加密认证装置远程管理、Ⅱ型网安监测装置管理、关键数据加密等业务逻辑中的数据签名验签、数据加解密功能；平台还配备人机工作站，为人机界面展示提供支撑。网络安全管理平台系统结构如图 4-2 所示。

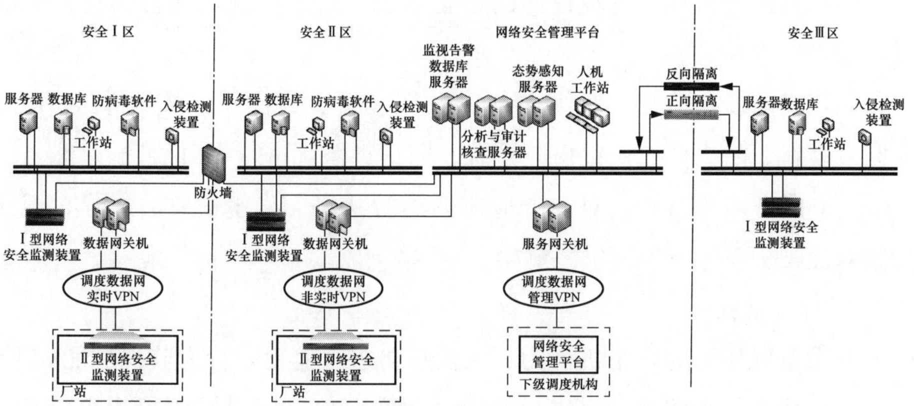

图 4-2　网络安全管理平台系统结构图

二、网安平台应用功能

（一）安全监视

网络安全管理平台能对平台的各类运行指标、设备及业务、行为、威胁等进行全方位的实时监视。

1. 平台运行指标

监视本级平台的运行情况，平台运行指标包括平台的分时告警统计、告警解决率、设备分布情况统计设备在线率、平台密通率、平台可用率。平台可用率包括平台运行可靠率、厂站监测装置运行可靠率、受控设备监控率、数据通信可靠率；监视下级平台的运行情况，运行指标包括下级平台的安全指标、在线情况、告警情况、设备情况、密通情况及版本情况，同时提供远程调阅下级指标及告警情况的接口。

2. 设备及业务监视

能对主机、网络设备、数据库、安防设备及业务应用的状态进行监视。

（1）主机监视：对主机的运行状态、告警信息、操作信息、外设接入情况、异常情况进行实时监视。

（2）网络设备监视：对网络设备的运行状态、告警信息、异常情况进行实时监视。

（3）数据库监视：对数据库的运行状态、告警信息、异常情况进行实时监视。

（4）安防设备监视：对纵向加密认证装置、横向单向安全隔离（正、反向）装置、防火墙、入侵检测系统、防病毒系统进行实时监视。

（5）业务应用监视：对业务应用的运行状态、告警信息、操作信息进行实时监视。

3. 行为监视

对设备操作行为、主机行为、人员行为进行监视，行为监视功能如下：

（1）操作行为监视：对用户登录、用户退出、用户操作行为等信息实时监视。

（2）主机行为监视：以主机为对象对主机登录过程进行监视，实时监视登录用户、登录方式、操作信息、登录链路等信息，登录方式包括 SSH（secure shell，安全外壳）登录、本机登录和 X11 协议（X window system）登录等。

（3）人员行为监视：以人为对象对操作人员登录主机的操作信息进行

监视，可实时监视登录主机状态、登录方式、操作行为等信息。

4. 威胁监视

威胁监视具备外部访问监视、内部行为监视、外设接入监视功能。威胁监视功能如下：

（1）外部访问监视：实时监视通过外部访问到本级调控中心的访问节点信息、从初始节点到活跃节点的访问路径、当前活动节点上的操作指令、操作时间。

（2）内部行为监视：实时监视在本机执行的操作指令、操作时间、登录用户、登录节点 IP 等信息、当前访问的用户、操作指令、操作时间等。

（3）外设接入监视：对交换机网口接入、USB 设备接入、光驱设备接入等信息进行监视。

（二）安全告警

网安平台通过对采集到的安全信息进行综合分析，根据《电力系统通用告警格式》（GB/T 31992—2015）以及《信息安全技术 信息安全事件分级分类指南》（GB/Z 20986—2007）中 5.1 的要求，提供安全告警功能，告警以天为单位，对于相同的告警，平台进行归并，累计告警次数，更新告警最新发生时间；告警状态有未确认、已确认、已解决三种，安全告警分为紧急、重要、一般三个告警级别，具备对告警事件实时监视及分类查询和分析功能。

（三）安全审计

对各类设备操作行为、设备的接入、接入设备的运维操作等事件进行存储、分析和审计。

1. 行为审计

对主机、网络设备、数据库、安防设备的操作行为进行审计。

（1）主机行为审计：支持 1 年内的主机登录及操作信息的查询，包括主机登录系统用户名、登录时间、退出时间、操作命令、操作时间等信息，并实现对操作行为关联审计及操作回溯。

（2）网络设备行为审计：支持 1 年内的网络设备行为信息的查询功

能，包括网络设备登录用户名、登录时间、退出时间、操作命令、操作时间。

(3) 数据库行为审计：支持1年内的数据库配置信息更改、用户权限变更等信息的查询功能，包括操作时间、操作内容。

(4) 安防设备行为审计：支持1年内的安防设备登录信息的查询功能，包括安防设备登录用户名、登录时间、退出时间、操作内容、操作时间。

2. 接入审计

(1) 外设接入审计：具备1年内的外设设备接入信息的查询功能，包括接入设备类型、接入时间、退出时间等。

(2) 网络接入审计：具备1年内的网络设备接入信息的查询功能，包括接入设备IP、接入设备MAC、接入时间、断开时间。

3. 设备运维审计

能对接入设备的运维操作进行审计，审计的内容包括操作的日期和时间、操作用户、操作类型、操作是否成功等相关信息。

(四) 安全分析

对平台运行的告警数、设备数及在线率等相关指标进行统计、趋势分析，并生成安全报表。支持按时间、区域、厂站类型维度对安全告警、密通流量、设备在线情况进行统计分析，支持支持按时间、区域、厂站类型维度对安全告警、密通流量、接入设备数量、设备在线情况进行趋势分析。安全报表包括数据统计、图形展示、表格展示等多种数据展示途径，综合展示安全运行状态。能按照用户指定的格式，按日、月、年及自定义时间段生成统计报表，并提供报表导出功能。

(五) 核查评估

能对主机、安防设备、网络设备的配置信息进行核查比对，支持对业务系统进行安全风险评估。

1. 主机安全配置核查

核查身份鉴别类配置、用户策略类配置、远程登录类配置、主机配置类配置；核查网络服务类配置、接入管理类配置、日志审计类配置、主机白名单的配置。

2. 纵向加密认证装置安全配置核查

核查是否存在明通隧道和明通策略，核查策略端口号范围是否符合规范，核查策略配置中 IP 范围是否符合规范。

3. 交换机安全配置核查

核查身份鉴别类配置、账号管理类配置、设备配置类配置、网络服务类配置、远程登录类配置和日志审计类配置。

4. 防火墙安全配置核查

核查身份鉴别类配置、账号管理类配置、设备配置类配置、网络服务类配置、远程登录类配置、日志审计类配置。

（六）安全管控

平台具备对主机、安防设备、网络设备、网安装置进行配置管理和证书管理等管控功能。

1. 主机管控

（1）配置管理：支持运维账户的添加、删除和修改；支持网络连接白名单、服务端口白名单的设置；支持危险操作命令的设置；支持网卡禁用；支持链路阻断，包括 SSH 链路、X11 链路。

（2）证书管理：支持管理证书的导入、导出。

2. 纵向加密装置管控

（1）配置管理：支持策略的添加、修改、删除、查看、备份；支持隧道的添加、修改、删除、查看、重置；支持网络配置的查看；支持隧道策略信息的备份恢复、开启关闭；支持设备重启；支持管理节点的增加、删除、修改。

（2）证书管理：支持管理节点证书的导入；支持设备证书的导入、导出；支持隧道协商证书列表查询。

3. 网安装置管控

（1）配置管理：支持系统参数的修改，包括网卡参数、路由配置参数；支持通信参数的修改，包括事件上传 IP 及端口号、装置服务代理端口参数；支持事件处理参数的修改，包括归并事件周期、历史事件上报分界时间参数；支持网安装置的设备进行管理，包括设备的添加、删除和修改操作；支持网络连接白名单、服务端口白名单的设置。

（2）版本管理：支持导入、查看特征库，支持特征库下发至下级平台；支持网安装置中版本信息的查询及更新；支持接受平台发起的校验命令，返回数据，进行特征库匹配，生成校验结果。

（3）证书管理：支持管理证书的导入、导出。

4. 防火墙管控

具备防火墙策略的添加、删除、修改等管理功能。

5. 网络设备管控

具备对网络设备网口的开启关闭、ACL 管理等功能。

（七）态势感知

根据网络空间中监测到的行为和事件，进行设备视角的关联分析，实现攻击溯源功能。态势感知功能如下：

（1）设备视角关联分析：综合分析运行状态告警、漏洞扫描、配置核查信息、弱口令检查、当前威胁事件情况，以及设备的网络异常行为，对设备进行安全评估打分。构建静态设备模型确定设备自身异常；构建动态运行模型，分析预测网络空间异常。

（2）攻击事件源追溯分析：构建攻击行为矩阵模型，基于攻击行为时序特征，发现攻击行为，追踪溯源攻击事件。结合攻击源设备与攻击目的设备之间的攻击关系推演出攻击链条，结合告警内容标记攻击方式，形成完整攻击过程，实现对攻击事件的快速定位及溯源。

第二节 网络安全监测装置

网络安全监测装置用于采集电力监控系统主机设备、网络设备和安全防护设备的安全事件，并转发至网络安全管理平台。根据功能定位分为Ⅰ型网络安全监测装置和Ⅱ型网络安全监测装置两种。Ⅰ型网络安全监测装置可接入500个监测对象，主要用于主站侧。Ⅱ型网络安全监测装置可接入100个监测对象，主要用于变电站侧。

Ⅱ型网络安全监测装置具备网络安全风险感知、日志综合收集及审计分析等技术能力，可对变电站监控系统的网络接入、外设接入主机、违规外联进行实时感知，采集交换机、防火墙、主机等设备的运行状态、配置和告警信息，形成站端资产模型，并采用电力系统标准通信规约将采集和分析的信息上送至主站网络安全管理平台，从而实现变电站监控系统网络安全信息的采集分析、数据交互与综合管控。

一、网络安全监测装置功能

（一）数据采集功能

变电站网络安全监测装置需采集三类设备信息，分别为主机设备、网络设备和安全防护设备。

1. 主机设备信息采集

主机设备包括服务器、工作站以及嵌入式主机等所有类型的主机，如变电站监控系统监控主机、防误主机、保护信息子站工作站、故障录波器主机等。主机设备通过安装探针程序（Agent）采集操作系统自身感知的安全信息，再通过TCP/IP协议，发送到网络安全监测装置。

2. 网络设备信息采集

网络设备指站内涉网的网络设备，主要包括调度数据网交换机、站控制层及间隔层交换机，网络设备的安全信息通过SNMP及SNMP TRAP协议进行采集。

3. 安全防护设备信息采集

安全防护设备主要指站内防火墙设备、正反向物理隔离装置、入侵检测等，安全防护设备通过SYSLOG日志格式将数据发送到网络安全监测装置。

（二）服务代理功能

网络安全监测装置的另一个主要功能是服务代理。该功能的实际作用如下：

（1）响应网络安全管理平台远程调阅，能够根据时间段、设备的类型、事件发生的等级以及事件发生时所记录的相关数据进行综合过滤，实现采集信息、上传事件等数据信息按需上送。

（2）支持网络安全管理平台对接入网络安全监测装置相关资产信息的添加、修改和查阅等远程管理。

（3）支持网络安全管理平台对监测对象参数配置的远程管理，包括系统和通信参数等。

（4）支持网络安全管理平台对主机设备的基线核查和管理，主要包括主机服务和应用程序设置、账号配置、口令配置、授权配置、日志配置和通信 IP 配置等。

（5）支持网络安全管理平台对其进行远程程序升级和版本校验。

（6）支持网络安全管理平台对主机设备的危险操作命令和关键文件目录进行远程管控。

（三）通信功能

网络安全监测装置具备与变电站监控系统主机设备、网络设备、安全防护设备的通信功能，实现对这些设备的网络安全信息采集与命令控制。同时，通过调度数据网与调度主站网络安全管理平台进行通信，实现平台对变电站监控系统网络安全态势的实时感知和管控。

（四）本地管理

网络安全监测装置具备划分管理员、审计员、操作员等不同角色用户的本地管理功能，不同角色用户分配不同权限。

1. 管理员权限

对网络安全监测装置进行时钟管理、时区管理、进程管理（重启、关机）、用户操作管理（增删用户、重置密码、操作和维护等日志信息）。

2. 审计员权限

可以根据选择的类型、级别、时间段查看登录、操作和维护等日志信息。

3. 操作员权限

采集信息、上传信息的本地查看，支持根据时间段、设备类型、事件等级、事件条数等综合过滤条件进行信息查看。对监视对象数量、在离线状态统计展示，支持从设备类型、事件等级等维度对采集信息、上传信息进行统计展示。实现对服务器、工作站等设备的基线核查、主动断网、监控对象的参数设置等。支持参数配置，包括系统参数、通信参数及事件处理参数；支持参数配置导出功能及同产品的参数配置备份导入功能，即达到同产品的参数配置的互换性。

(五) 版本管理

网络安全监测装置命名由装置型号和版本信息组成，其中装置型号包括厂家硬件代码、厂家装置系列代码，版本信息包括基础软件版本、本地管理界面软件，软件版本包含版本号、程序校验码和软件生成日期。网络安全监测装置应通过中国电科院检测，支持网络安全管理平台对其进行版本检验。

二、网络安全监测部署方式

网络安全监测装置作为网络安全信息采集设备，主要部署在变电站监控系统站控层网络。可部署在变电站安全Ⅰ区或安全Ⅱ区，采集安全Ⅰ区、安全Ⅱ区的网络安全信息，并通过调度数据网上送至网络安全管理平台，具体部署结构如图 4-3 所示。

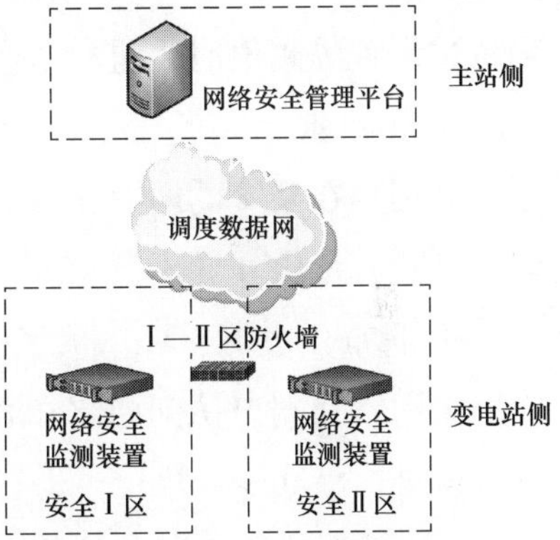

图 4-3 变电站网络安全监测部署图

第三节 告警信息采集及上送

网络安全监测装置采用不同方式采集主机、网络设备、安全防护设备等设备的运行状态、配置和告警信息。网络安全信息格式应满足《电力监控系统网络安全监测装置技术规范》（Q/GDW 11914—2018）要求。

一、信息采集

（一）主机设备

主机设备通过部署的探针程序（Agent），实现主机告警信息、运行状态信息等的数据采集。探针程序通过与网络安全监测装置建立 TCP 连接，将采集的数据上送至网络安全监测装置。Agent 是主机安全监控软件，可以对主机登录信息、操作信息、主机状态、主机配置信息、主机危险操作、操作系统的账号密码的修改等状态进行监控和监控信息上送。Agent 功能如下：

1. 完整性检测

Agent 对主机的文件、关键目录和服务进行完整性检测，当发现主机的文件、关键目录或者服务被篡改时进行告警并发现哪些文件发生改变。

2. 系统资源监控与告警

对主机的 CPU、内存、磁盘、网络资源进行监控，当这些资源的使用状况超过设置的阈值时将进行报警，以提前发现资源不足、滥用等问题。

3. 审计功能

记录用户在系统的所有操作事件如登录、功能停用等，并提供日志的查询、删除、备份和导出。

4. 外联事件告警

提供网络和端口访问白名单配置功能，当发现不在白名单的访问时立即进行告警。

Agent 采集的主机设备的信息见表 4-1。

表 4-1　主机设备采集信息表

序号	采集信息	信息产生方式	备注及说明
1	登录成功	触发	
2	退出登录	触发	
3	登录失败	触发	
4	操作命令	触发	
5	操作回显	触发	

续表

序号	采集信息	信息产生方式	备注及说明
6	USB 设备插入	触发	
7	USB 设备拔出	触发	
8	串口占用	触发	
9	串口释放	触发	
10	并口占用	触发	
11	并口释放	触发	
12	光驱挂载	触发	
13	光驱卸载	触发	
14	网络外联事件	触发	
15	存放光驱设备	周期	默认 60min，可配置
16	开放网络服务/端口	触发	如开放 FTP、TELNET、RLOGIN 等不安全的端口/网络服务
17	网口 up	触发	
18	网口 down	触发	
19	关键文件变更	触发	
20	用户权限变更	触发	

（二）网络设备

网络安全监测装置对网络设备的信息采集通过 SNMP 协议实现。一旦出现网口插拔、配置变更等信息，会通过 SNMP TRAP 协议主动发送至网络安全监测装置。网络设备采集的信息见表 4-2。

表 4-2　　网络设备采集信息表

序号	采集信息	信息产生方式	备注及说明
1	配置变更	触发	SNMP TRAP，当交换机配置有变更时产生
2	网口状态	周期	SNMP 轮询（默认 5s，可配置），交换机应能够提供所有网口 up/down 状态
3	网口 up	触发	SNMP TRAP，当交换机网口有设备接入时产生
4	网口 down	触发	SNMP TRAP，当交换机网口有设备拔出时产生
5	网口流量超过阈值	触发	SNMP TRAP，各网口流量阈值为 80%，流量超限应用通过 TRAP 主动上报。交换机应支持 RMON 协议告警组和事件组
6	登录成功	触发	SNMP TRAP，当有用户成功登录交换机时产生
7	退出登录	触发	SNMP TRAP，当有用户退出登录交换机时产生

续表

序号	采集信息	信息产生方式	备注及说明
8	登录失败	触发	SNMP TRAP，当有用户登录交换机失败时产生
9	修改用户密码	触发	SNMP TRAP，当有用户成功修改交换机登录密码时产生
10	用户操作信息	触发	SNMP TRAP，当有登录的用户对交换机进行任何操作时，需要产生命令行形式的操作信息。对于WEB登录的用户操作，交换机需要自行转换成命令行形式的操作信息
11	MAC地址绑定关系	周期	SNMP轮询（默认60min，可配置），交换机应能够提供所有网口的MAC地址绑定关系。交换机应绑定MAC地址，并关闭自动学习功能

（三）安全防护设备

网络安全监测装置对安全防护设备的信息采集通过SYSLOG协议实现。安全防护设备将操作信息、运行状态、安全事件等信息等主动发送至网络安全监测装置。不同安全防护设备采集的信息略有不同，横向隔离装置和防火墙采集的信息见表4-3和表4-4。

表4-3 安全防护设备：横向隔离装置采集信息表

序号	采集信息	信息产生方式	备注及说明
1	系统登录	触发	
2	修改配置	触发	
3	CPU利用率	周期	默认1min
4	内存利用率	周期	默认1min
5	不符合安全策略的访问	触发	

表4-4 安全防护设备：防火墙采集信息表

序号	采集信息	信息产生方式	备注及说明
1	用户登录成功	触发	
2	用户退出	触发	
3	用户登录失败	触发	
4	修改策略	触发	
5	CPU利用率	周期	默认1min
6	内存利用率	周期	默认1min
7	电源故障	触发	

续表

序号	采集信息	信息产生方式	备注及说明
8	风扇故障	触发	
9	温度异常	触发	
10	网口状态异常	触发	
11	网口状态恢复	触发	
12	不符合安全策略的访问	触发	
13	攻击告警	触发	

变电站主机类设备、网络设备、安全防护设备告警事件上送示意如图 4-4 所示。

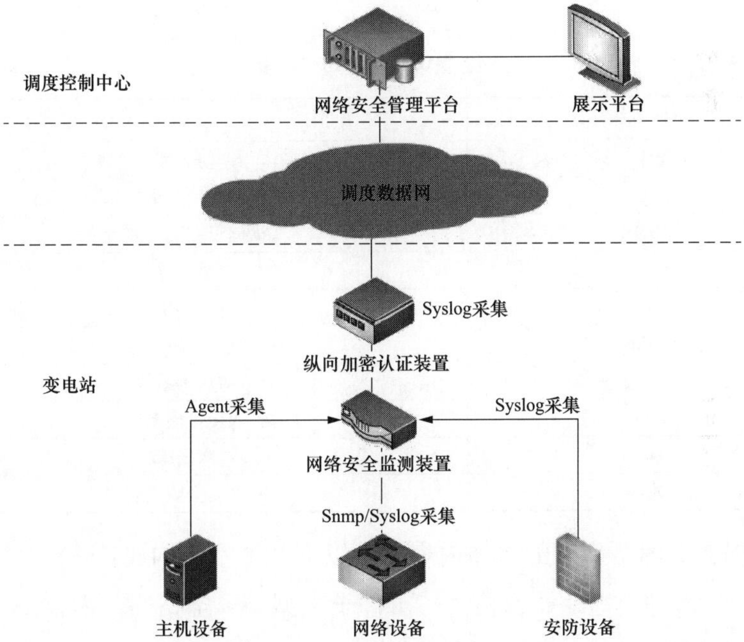

图 4-4 变电站告警事件上送示意图

二、信息采集格式

监测对象与网络安全监测装置交互的网络安全信息格式应满足《电力系统通用告警格式》(GB/T 31992—2015)要求，定义如下：

<级别><空格>日期<空格>时间<空格>设备或系统<空格>行为<空格>原因

级别：表明事件的告警级别。遵循《电力系统通用告警格式》（GB/T 31992—2015）中定义，仅取其定义级别的个位数。

日期：表明事件发生的日期。

时间：表明事件发生的时间，时间聚会具体到秒。

设备或系统：表示产生事件的设备标识，可以为设备的主机名、IP 地址或 IP 地址加主机名，具体由不同采集对象决定。

行为：行为字段定义为产生/上传该事件的设备类型。设备类型值定义见表 4-5。

表 4-5　　设备类型值定义表

类型	设备
FW	防火墙
FID	横向正向隔离装置
BID	横向反向隔离装置
SVR	服务器
SW	交换机
VEAD	纵向加密装置
AV	防病毒系统
IDS	入侵检测系统
DB	数据库
DCD	网络安全监测装置

原因：原因是事件的具体内容，由以下几个字段构成：

<事件类型><空格><事件子类型><空格><内容>

以服务器产生非法外联的告警事件为例，展示见表 4-6。

表 4-6　　非法外联事件信息

告警级别	紧急（1）
日志子类型	25
内容格式	源 IP 地址<空格>源端口<空格>目的 IP 地址<空格>目的端口
示例	<1>2020-07-01 12：20：32 192.168.10.100#scada SVR 5 25 172.16.1.1 12058 10.1.2.2 80

三、信息上送

为保证信息上送网络安全管理平台的安全性，网络安全监测装置与网络安全管理平台在信息传输之前进行双向身份认证，只有认证通过后才能信息上送。上送信息的格式按照《电力系统通用告警格式》（GB/T 31992—2015）执行，上送网络安全管理平台的信息内容须满足《电力监控系统网络安全监测装置技术规范》（Q/GDW 11914—2018）要求。

（一）上送机制

网络安全监测装置作为客户端向主站网络安全管理平台请求建立 TCP 连接，当 TCP 连接建立成功后，由网络安全监测装置主动发起认证过程，认证过程中遇到出错，则关闭 TCP 连接，并重新开始整个流程。认证成功后，由网络安全监测装置发送 STARTDT 激活帧报文，只有收到主站回应的 STARTDT 确认帧后，才开始进行数据传输。

网络安全监测装置采集站内的数据并分析处理后，通过调度数据网上送至网络安全管理平台，同时网络安全管理平台也可通过下发控制指令对网络安全监测装置及站内被监测对象的参数、安全基线等进行修改和查看等操作。

网络安全监测装置与网络安全管理平台建立 TCP 连接并进行认证的过程如图 4-5 所示。

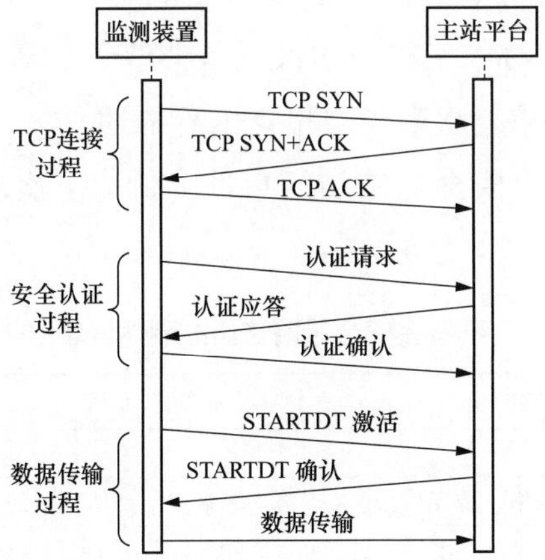

图 4-5 网络安全监测装置与主站平台建立连接流程示意图

（二）上送格式

网络安全监测装置通过对采集的日志进行统计分析，确定是实时上送还是归并上送至网络安全管理平台。上送事件信息格式按照《电力系统通用告警格式》（GB/T 31992—2015）执行，定义如下：

＜级别＞＜空格＞日期＜空格＞时间＜空格＞设备
或系统＜空格＞行为＜空格＞原因

级别：表明事件的告警级别。遵循《电力系统通用告警格式》（GB/T 31992—2015）中定义，仅取其定义级别的个位数。

日期：表明事件发生的日期。

时间：表明事件发生的时间，时间聚会具体到秒。

设备或系统：标识产生上传信息的网络安全监测装置名称。

例如：＜1＞ 2016-12-26 00：53：44 JS_Nanjing_Ⅱ_DCD_1 DCD 2016-12-26 00：38：44 svr01 10.1.1.1 NARI SVR 5 25 30 TCP 10.1.1.1 4099 8.8.8.8 80

JS_Nanjing_Ⅱ_DCD_1 为网络安全监测装置名称。

行为：此处行为字段定义为上传该事件的网络安全监测装置的设备类型，为定值 DCD。

原因：为具体事件内容，其格式如下：

事件开始日期时间＜空格＞事件设备名称＜空格＞事件设备 IP（A 网）＜空格＞厂商名 称＜空格＞事件设备类型＜空格＞事件类型＜空格＞事件子类型＜空格＞重复次数＜空格＞内容描述

以防火墙的不符合安全策略访问事件为例，上次事件信息格式示例见表 4-7。

表 4-7　　不符合安全策略访问的事件信息

级别	重要（2）
事件子类型	1
内容描述	协议＜空格＞源 IP 地址＜空格＞源端口＜空格＞目的 IP 地址＜空格＞目的端口
示例	＜2＞ 2016-12-26 00：53：44 JS_Nanjing_Ⅱ_DCD_1 DCD 2016-12-26 00：38：44 fw01 10.1.1.50 NARI FW 3 1 300 TCP 10.1.1.1 4099 10.2.2.2 80

续表

级别	重要（2）
备注	属于安全事件，首次告警实时上传，定时（如15min，可配置）发送有变化（指重复次数累加）的告警

（三）上送内容

网络安全监测装置通过对不同的被监测对象信息采集的统计分析，确定其事件的告警级别和上传模式。具体的上传内容和告警级别分别见表4-8～表4-12。

表4-8　　服务器、工作站等主机设备上传事件列表

编号	上传信息内容	级别	上传模式
1	登录成功	一般（4）	实时
2	退出登录	一般（4）	实时
3	操作命令	一般（4）	本地展示不上传
4	操作回显	一般（4）	本地展示不上传
5	USB设备（非无线网卡类）插入	重要（2）	实时
6	USB设备（无线网卡）	紧急（1）	实时
7	USB设备拔出 一般	一般（4）	实时
8	串口占用	重要（2）	实时
9	串口释放	一般（4）	实时
10	并口占用	重要（2）	实时
11	并口释放	一般（4）	实时
12	光驱挂载	重要（2）	实时
13	光驱卸载	一般（4）	实时
14	网络外联事件	紧急（1）	归并
15	登录失败超过阈值	重要（2）	实时
16	关键文件变更	重要（2）	实时
17	用户权限变更	重要（2）	实时
18	危险操作	重要（2）	实时
19	设备上线	一般（4）	实时
20	设备离线	重要（2）	实时
21	存在光驱告警	重要（2）	实时
22	开放网络服务/端口	重要（2）	实时
23	网口 UP	重要（2）	实时
24	网口 DOWN	重要（2）	实时

表 4-9　　网络设备上传事件列表

编号	上传信息内容	级别	上传模式
1	配置变更	一般（4）	实时
2	网口 UP	重要（2）	实时
3	网口 DOWN	重要（2）	实时
4	网口流量超过阈值	重要（2）	归并
5	交换机上线	一般（4）	实时
6	交换机离线	重要（2）	实时
7	登录成功	一般（4）	实时
8	退出登录	一般（4）	实时
9	登录失败	一般（4）	实时
10	修改用户密码	一般（4）	实时
11	用户操作信息	一般（4）	实时
12	端口未绑定 MAC 地址	重要（2）	实时

表 4-10　　防火墙上传事件列表

编号	上传信息内容	级别	上传模式
1	登录成功	一般（4）	实时
2	退出登录	一般（4）	实时
3	登录失败	一般（4）	实时
4	修改策略	一般（4）	实时
5	不符合安全策略访问	重要（2）	归并
6	攻击告警	紧急（1）	归并
7	防火墙上线	一般（4）	实时
8	防火墙离线	重要（2）	实时
9	CPU 利用率超过阈值	重要（2）	归并
10	内存使用率超过阈值	重要（2）	归并

表 4-11　　隔离装置上传事件列表

编号	上传信息内容	级别	上传模式
1	不符合安全策略访问	重要（2）	归并
2	隔离装置上线	一般（4）	实时
3	隔离装置离线	重要（2）	实时
4	CPU 利用率超过阈值	重要（2）	归并
5	内存利用率超过阈值	重要（2）	归并

表 4-12　　网络安全监测装置自身上传事件列表

编号	上传信息内容	级别	上传模式
1	系统登录成功	一般（4）	实时
2	系统退出登录	一般（4）	实时
3	USB 设备（非无线网卡）插入	重要（2）	实时
4	USB 设备（无线网卡）	紧急（1）	实时
5	USB 设备拔出	一般（4）	实时
6	网络外联事件	紧急（1）	归并
7	系统登录失败超过阈值	重要（2）	实时
8	危险操作	重要（2）	实时
9	开放非法端口	重要（2）	实时
10	网口 UP	重要（2）	实时
11	网口 DOWN	重要（2）	实时
12	CPU 利用率超过阈值	重要（2）	归并
13	内存利用率超过阈值	重要（2）	归并
14	磁盘空间使用率超过阈值	重要（2）	归并
15	装置异常告警	重要（2）	实时
16	对时异常	重要（2）	归并
17	本地管理界面登录成功	一般（4）	实时
18	本地管理界面退出登录	一般（4）	实时
19	本地管理界面登录失败被锁定	重要（2）	实时
20	配置变更	一般（4）	实时
21	验签错误	重要（2）	实时

第四节　典型告警事件分析

当变电站监控系统出现不合规配置，不当访问行为，不规范操作，均会引发网络安全监测装置的告警。变电站监控系统网络安全管理人员应加强网络运行安全监视和分析，及时发现和处置网络安全风险。

一、因 Agent 配置不当引起的网络安全告警

（一）告警信息

网安平台收到某 220kV 变电站的非法外联紧急告警：＜1＞ 2022-12-

26 00：53：44 SX_BAIDA_Ⅱ_DCD_1 DCD 2022-12-26 00：38：44 svr *. *.99.1 NARI SVR 5 25 30 TCP *. *.50.2 4099 *. *.99.1 80。

（二）原因分析

*. *.99.1 为某 220kV 变电站监控主机 IP 地址，*. *.50.2 为某 220kV 变电站新上的电抗器保测装置的 IP 地址。这个新间隔调试前，调试人员未将*. *.50.2 这个 IP 地址加入监控主机 Agent 白名单，当监控主机与电抗器保护测控装置信息进行网络通信时，监控主机 Agent 监测到*. *.50.2 不在网络通信的白名单中，立即触发一条紧急告警并送至变电站网安装置，变电站网安装置接收到 Agent 的告警信息后通过电力调度数据网上送到网安管理平台。

（三）解决方案

规范现场作业调试流程，新设备接入监控系统前须核对主机设备 Agent 白名单，未列入白名单的设备不得开展现场调试工作。

二、主机路由配置不规范引发的不符合安全策略告警

（一）告警信息

网安平台收到某 220kV 变电站的不符合安全策略访问的重要告警：＜2＞ 2021-3-2 10：52：44 SX_HN_Ⅱ_DCD_1 DCD 2021-3-2 10：51：34 fw01 10.100. *. * DP FW 3 1 300 TCP 10.100. *. * 2404 *. *.10.33 4499。

（二）原因分析

根据告警内容分析，*. *.212.152 是保信子站服务器的调度数据网 IP 地址，10.100. *. *是保信子站站控层 IP 地址，*. *.10.33 是保信主站 IP 地址，通过对现场报文抓取分析，发现保信子站在连接保信主站时，误把发往保信主站的 TCP 连接报文发到了连接站控层网络的网口上。进一步查看，发现变电站现场在保信子站调试过程中，未正确配置明细路由只写了一条默认路由。当保信子站*. *.212.152 与保信主站 10.33. *. *. 无法正常通信时，本应发到保信主站的通信报文经过默认网关发往站控层

网络，被站内Ⅰ\Ⅱ区之间的防火墙拦截，防火墙产生一条不符合安全策略访问的重要告警，以 SYSLOG 方式将告警信息送至变电站网安装置，变电站网安装置接收到告警信息后上送至网安平台。

（三）解决方案

通过查看保信子站路由配置表，发现有默认路由，没有写明细路由。删除保信子站的默认路由，根据实际业务需求配置明细路由，明确目的网段和下一跳地址。

三、作业不规范引发的 USB 设备插入安全告警

（一）告警信息

网安平台收到某 220kV 变电站网络安全监测装置 USB 设备插入重要告警：＜2＞ 2019-2-6 15：38：44 JS_Nanjing_Ⅱ_DCD_1 DCD 2019-2-6 15：40：44 SX_XG_Ⅱ_DCD 10.1.1.1 NARI DCD 5 17 1 1 1 {DataTraveler SE9} {Kingston}。

（二）原因分析

某厂家调试人员在变电站调试网络安全监测装置过程中，发现网络安全监测装置程序版本过低，需重新升级网络安全监测装置程序。厂家调试人员将自己携带存贮最新升级程序的 U 盘插入网络安全监测装置 USB 口，网络安全监测装置监测到 USB 接入信息后，根据网络协议号判断为存储类 USB 设备接入后，立即生成一条 USB 设备插入重要告警，并将此告警信息上送至网安平台。

（三）解决方案

加强对厂家调试人员的现场作业监护，严禁厂家调试人员将非专用存贮介质接入电力监控系统。及时物理封堵设备空闲 USB 口。

四、现场作业人员违规接入网络触发告警

（一）告警信息

网安平台收到某 220kV 变电站的不明设备接入网络的重要告警：

＜2＞ 2019-2-2 14：31：40 SX_ZJ_Ⅱ_DCD_1 DCD 2019-2-2 14：30：40 sw01 *.*.1.20 NANZHI SW 1 1 1 24。

（二）原因分析

厂家调试人员在变电站监控系统调试过程中，为测试某装置的网络连通性，将笔记本电脑接入站控层交换机 24 口，交换机监测到 24 口有设备接入立即生成一条网络端口 UP 的告警信息，以 SNMP 通信方式送至变电站网安装置，网安装置收到告警信息后上送至网安平台。

（三）解决方案

规范现场作业调试流程，设备接入变电站电力监控系统网络时必须做好相应安全措施，交换机网络端口需绑定 MAC 地址，空闲的网络端口需物理封堵。

第五章
变电站监控系统等级保护测评及安全评估

变电站监控系统等级保护测评是依据《信息安全技术 网络安全等级保护基本要求》(GB/T 22239—2019)、《电力行业网络安全等级保护管理办法》(国能发安全规〔2022〕101号)等国家和电力行业等级保护有关管理制度和技术标准，结合变电站监控系统定级结果，选择相应等级的测评指标，针对变电站监控系统的构成特点，确定具体的测评对象、制定测评方案，通过访谈、检查和测试等方式判断其安全技术和安全管理的各个方面对测评指标的符合程度，判断被测系统的安全保护能力是否满足等级保护的相关要求，找出与标准要求之间的差距，作为后续安全整改的依据，达到网络安全等级保护要求，以提升运行单位对当前系统安全运行状况的分析能力、查找安全问题能力，并提供安全整改建议，从而最大限度地降低变电站监控系统的安全风险。

变电站监控系统安全防护评估是从风险管理角度，运用科学的方法和手段，系统地分析变电站监控系统所面临的威胁及其存在的脆弱性，评估安全事件一旦发生可能造成的危害程度，指出有针对性地抵御威胁的防护策略和整改措施，为防范和化解网络安全风险，将风险控制在可接受的水平，最大限度地防止由于变电站监控系统安全事件引发电力安全事故，为全面提升变电站监控系统安全防护水平提供科学依据。

本章主要从变电站监控系统等级保护定级、测评对象、测评内容、安全评估和风险规避措施进行介绍。

第一节　变电站监控系统的等保定级

等保定级是等级保护工作的首要环节和关键环节，是开展信息系统备案、建设整改、等级测评、监督检查等工作的重要基础。根据公安部《信息安全技术 网络安全等级保护定级指南》(GB/T 22240—2020)等保2.0的规定，信息系统的安全保护等级分为五个安全保护等级。变电站监控系统作为电力行业重要的信息系统，依据国家能源局《电力行业网络安全等级保护定级指南》(国能综通安全〔2022〕71号)的要求，变电站监控系统分为两个安全保护等级，其中220kV及以上变电站监控系统定为等级保护3级，220kV以下定为等级保护2级。

依据《电力监控系统安全防护总体方案等安全防护方案和评估规范》（国能安全〔2015〕36号）要求，隶属于电力企业的变电站监控系统等级保护工作纳入所属电网调度机构统一开展，作为调度自动化系统子站部分统一定级备案，不作为独立系统定级备案，并保持防护标准不变，220kV及以上变电站自动化系统仍按等级保护3级要求防护，其他产权的变电站监控系统等级保护工作由产权方负责。

因此，在开展变电站监控系统等级保护测评工作的时候，220kV及以上变电站自动化系统按等级保护3级要求，每年开展一次等级保护测评。110kV及以下变电站监控系统等级按等级保护2级要求，由运行单位定期组织开展自评估工作，评估周期最长不超过两年，也可以根据情况委托评估机构开展自评估工作。第一次做等级保护测评可称为首测，后续周期性的等级保护测评称为等级保护测评复测。

第二节　等级保护测评对象及过程

测评对象是等级测评的直接工作对象，恰当选择测评对象的种类和数量是整个等级测评工作能够获取足够证据、了解被测定级对象的真实安全保护状况的重要保证。测评对象的确定一般采用抽查的方法，即抽查定级对象中具有代表性的组件作为测评对象。

一、变电站监控系统等级保护测评对象

在确定测评对象时，遵循以下原则：

（1）重要性，应抽查对被测定级对象来说重要的服务器、数据库和网络设备。

（2）安全性，应抽查对外暴露的网络边界。

（3）共享性，应抽查共享设备和数据交换平台/设备。

（4）全面性，抽查应尽量覆盖系统各种设备类型、操作系统类型、数据库系统类型和应用系统类型。

（5）符合性，选择的设备、软件系统等应能符合相应等级的测评强度要求。

根据上述原则，常见变电站监控系统等级保护测评对象见表 5-1。

表 5-1　　变电站监控系统等级保护测评对象

序号	等保测评对象	具体范围
1	物理机房	变电站监控系统设备所在的物理机房
2	网络设备	数据网接入路由器和实时/非实时交换机、站控层交换机等
3	安全设备	纵向加密认证设备、防火墙、横向隔离装置、网络安全监测装置等
4	服务器/存储设备	监控主机、防误主机、综合服务器、数据通信网关机等各类系统中的服务器和存储设备等
5	终端设备	业务终端和运维终端等
6	业务应用系统	变电站监控系统软件、操作系统、数据库等

二、变电站监控系统等级保护测评过程

变电站监控系统等级测评基本过程分为四个：测评准备过程、方案编制过程、测评实施过程、分析及报告编制过程。

（1）测评准备过程：对变电站监控系统进行前期调查，掌握系统的详细情况，统计变电站监控系统涉及的资产，如后台监控服务器、智能防误主机、保信子站、故障录波器、站控层交换机、数据网交换机、防火墙、纵向加密装置等，收集品牌型号以及版本信息等内容，并确定测评对象；根据系统的实际情况准备现场测评表与测试工具。准备活动是开展等级测评工作的前提和基础，是整个等级测评过程有效性的保证。

（2）方案编制过程：编制变电站监控系统相适应的测评内容及实施方法。在测评方案编制过程中，应根据变电站的电压等级，选择测评对象和相应等级的测评指标，如针对 220kV 及以上电压等级的变电站监控系统，需要选择三级基本要求的测评指标，测评对象的选择需满足：①关键设备均须选为测评对象；②同类型设备抽取率不小于 50%且至少抽取两台的原

则。确定测评指标及内容后，并根据需要制定测评作业指导书，编写测评方案。

（3）测评实施过程：按照测评方案的总体要求，严格依据测评指导书，分步实施所有测评内容。通过单项测评和系统整体测评两个方面，了解系统的真实情况，获取足够证据，发现系统存在的安全问题。在测评实施环节，结合变电站监控系统运维管理制度，提前做好计划申报、工作票申请、人员准入等相关准备。

（4）分析与报告编制过程：根据测评结果和相关标准的有关要求，分析整个系统的安全保护现状与相应等级的保护要求之间的差距，综合评价被测系统保护状况，并形成当前变电站监控系统在等级保护测评中存在的安全问题及整改建议的测评报告。

测评工作流程如图 5-1 所示。

第三节　等级保护测评内容

变电站监控系统网络安全等级保护建设，依据国家网络安全等级保护基本要求，从安全技术符合性测评和安全管理符合性测评两个维度开展。

一、安全技术符合性测评

安全技术测评分为：安全物理环境、安全通信网络、安全区域边界、安全计算环境和安全管理中心五个方面。

（一）安全物理环境

安全物理环境为变电站监控系统所在的机房场地环境，如主控室、继保室，测评内容包括防止设备被破坏，被盗用，保障物理环境的条件，确保设备正常运行，减少技术故障等，是所有安全的基础。安全物理环境针对变电站物理机房提出了安全控制要求，主要对象为物理环境，物理设备和物理设施等；涉及的安全控制点包括物理位置选择、物理访问控制、防盗窃和防破坏、防雷击、防火、防水和防潮、防静电、温湿度控制、电力

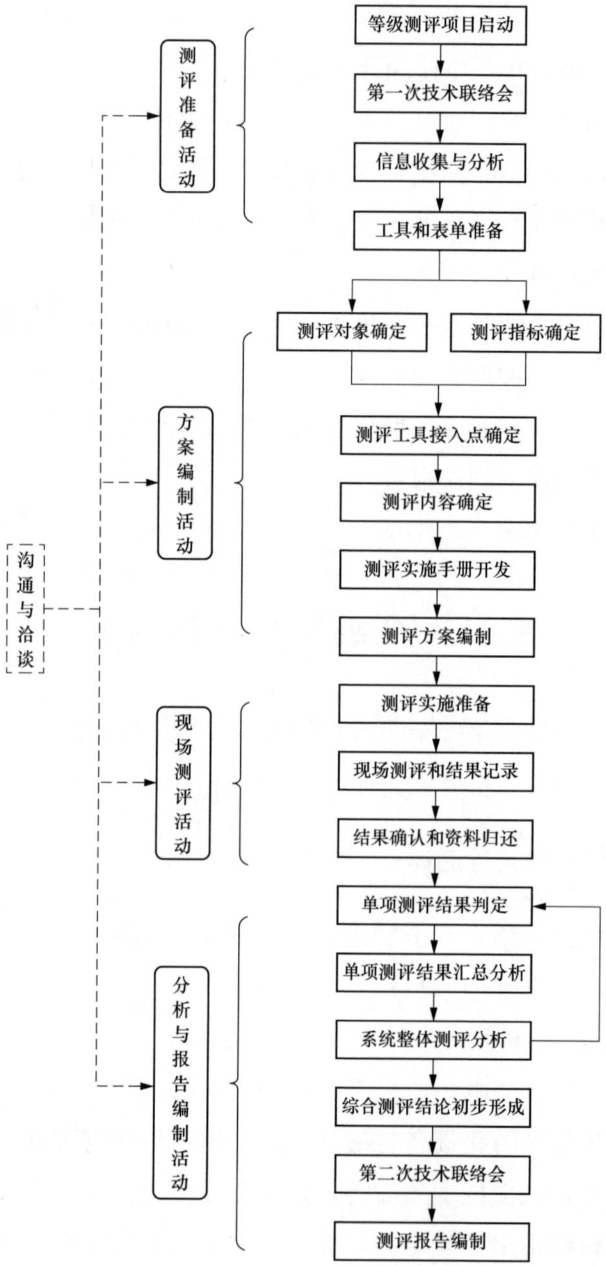
等级测评项目启动
第一次技术联络会
信息收集与分析
工具和表单准备
测评准备活动
测评对象确定
测评指标确定
测评工具接入点确定
测评内容确定
测评实施手册开发
测评方案编制
方案编制活动
沟通与洽谈
测评实施准备
现场测评和结果记录
结果确认和资料归还
现场测评活动
单项测评结果判定
单项测评结果汇总分析
系统整体测评分析
修订
综合测评结论初步形成
第二次技术联络会
测评报告编制
分析与报告编制活动

图 5-1 测评工作流程图

供应及电磁防护。比如变电站机房应安装视频监控系统，应安装精密空调以调节机房的温湿度，应部署具有自动灭火功能的灭火装置等。

（二）安全通信网络

安全通信网络针对变电站监控系统网络架构和通信传输提出了安全控制要求。一方面，确保变电站监控系统网络设备的正常运行，提供安全有效的网络服务；另一方面，确保在调度数据网络传输数据的保密性、完整性和可用性等。涉及的安全控制点包括网络架构、通信传输及可信验证。

（三 ）安全区域边界

根据“安全分区、网络专用”原则，变电站监控系统网络和调度数据网网络边界在实现互联互通的同时，采取必要的授权接入、访问控制、入侵防范等措施实现安全防御。安全区域边界针对网络边界提出了安全控制要求，主要对象为变电站监控系统横向边界和调度数据网纵向边界等；涉及的安全控制点包括边界防护、访问控制、入侵防范、恶意代码防范、安全审计以及可信验证。

（四）安全计算环境

区域边界内部称为“安全计算环境”，通过网络将各种设备节点联结起来，构成复杂的计算环境。构成节点的设备分为软件和硬件两方面，其中硬件包站控层交换机、数据网交换机、监控后台主机、防误主机、故障录波器、保信子站、防火墙、纵向加密装置等设备；软件包括操作系统、数据库、应用系统及其他监控系统软件等。涉及的安全控制点包括身份鉴别、访问控制、安全审计、入侵防范、恶意代码防范、可信验证、数据完整性、数据备份恢复、剩余信息保护以及个人信息保护。

（五）安全管理中心

“安全管理中心”是整个防御体系的“大脑”，即通过“安全管理中心”实现技术层面的系统管理、审计管理和安全管理。涉及的安全控制点包括系统管理、审计管理、安全管理和集中管控。

目前调控机构的“安全管理中心”功能是由电力监控系统网络安全管理平台实现，变电站监控系统通过网络安全监测装置与网络安全管理平台互联互通实现集中管控。

二、安全管理符合性测评

安全管理测评分为：安全管理制度、安全管理机构、安全管理人员、安全建设管理和安全运维管理五个方面。

（一）安全管理制度

安全管理制度测评内容中的安全管理制度，包括明确变电站监控系统安全防护实施方案、安全策略、规范和各种安全管理活动的管理制度，以及编制的管理人员或操作人员日常管理操作所需的操作规程。涉及的安全控制点包括安全策略管理制度、制定和发布、评审和修订。

安全管理制度包括但不限于变电站监控系统安全防护实施方案、检修管理规定、操作手册、检修作业指导书、应急预案、应急处置方案等。

（二）安全管理机构

安全管理的重要实施条件就是有一个统一指挥、协调有序、组织有力的安全管理机构，这是网络安全管理得以实施、推广的基础。通过构建从单位最高管理层到执行层以及具体业务运营层的组织体系，可以明确各个岗位的安全职责，为安全管理提供组织上的保证。

安全管理机构针对整个管理组织构架提出了安全控制要求，涉及的安全控制点包括岗位设置、人员配备、授权和审批、沟通和合作、审核和检查。

调控中心承担电力监控系统网络安全的管理职能，负责所辖电力监控系统和调度管理信息类系统的安全管理。

（三）安全管理人员

安全管理人员是安全防护中最关键也是最薄弱的环节。很多重要的安全问题都涉及用户、设计人员、实施人员以及管理人员。只有对人员进行了正确完善的管理，才有可能降低人为错误的风险，从而减小系统遭受人员错误造成损失的概率。对人员安全的管理，主要涉及对内部人员的安全管理和对外部人员的安全管理两方面，涉及的安全控制点包括安全意识教育培训和外部人员访问管理。

（四）安全建设管理

变电站监控系统的安全建设管理贯穿系统的整个生命周期，系统建设管理主要关注的是在生命周期前三个阶段（即，初始、采购、实施）中的各项安全管理活动。系统建设管理的安全控制点包括系统定级和备案、安全方案设计、产品采购和使用、软件开发、工程实施、测试验收、系统交付、等级测评和安全服务商选择等。

（五）安全运维管理

变电站监控系统建设完成投入运行之后，即运维管理阶段。运行过程中当监控系统由于一些原因比如运行环境、资产管理、计算环境等发生了重大变化，安全措施也要进行相应的修改，以维护系统始终处于相应安全保护等级的安全状态中，涉及的安全控制点包括环境管理、资产管理、介质管理、设备管理、监控管理和安全管理中心、网络安全管理、系统安全管理、恶意代码防范管理、密码管理、变更管理、备份与恢复管理、安全事件处置、应急预案管理等。

第四节 安全防护评估

按照《电力监控系统安全防护总体方案等安全防护方案和评估规范》（国能安全〔2015〕36 号）、《电力监控系统网络安全评估指南》（GB/T 38318—2019）等文件要求，电力监控系统安全防护评估工作应当常态化、定期进行。电力监控系统的规划、设计阶段应当结合规划审查及设计审查进行安全评审，建设改造、运行维护和废弃阶段均要进行安全评估，确保系统全生命周期安全性。

一、评估工作形式

变电站监控系统网络安全评估包括 4 种工作形式：自评估、检查评估、上线安全评估和型式安全评估。自评估以脆弱性评估为主，检查评估、型式安全评估、上线安全评估主要包括资产识别、威胁分析、脆弱性分析、风险分析和安全建议等，具体要求包括：

（1）各种形式评估均应当遵循《电力监控系统安全防护总体方案等安全防护方案和评估规范》（国能安全〔2015〕36号）及国家等级保护相关要求等规范性文件，在不影响监控系统生产业务的基础上实施。

（2）对于安全保护等级为第3级的220kV及以上变电站监控系统，应结合等级保护测评工作委托测评机构同步开展安全防护评估，评估周期最长不超过三年。单个评估周期内，应每年组织开展一次自评估工作。

（3）对安全保护等级为第2级的110kV及以下变电站监控系统，应定期开展安全评估工作。评估方式一般采用自评估，评估周期最长不超过两年，也可以根据需要委托专业机构进行评估。

（4）安全保护等级为第3级变电站监控系统投运前或发生重大变更时，由运行单位委托评估机构进行上线安全评估；安全保护等级为第2级的变电站监控系统可自行组织开展上线安全评估。

（5）变电站监控系统供应商在安全保护等级为第3级的变电站监控系统设计、开发完成后，委托评估机构进行型式安全评估；安全保护等级为第2级的电力监控系统可自行组织开展型式安全评估。

二、评估原则

针对监控系统安全防护的特点，设置如下必须满足的基本要求：

（1）安全分区。变电站内部基于计算机和网络技术的业务系统，原则上划分为生产控制大区和管理信息大区。生产控制大区可以分为控制区（又称为安全区Ⅰ）和非控制区（又称为安全区Ⅱ）；管理信息大区内部在不影响生产控制大区安全的前提下，可以根据不同安全要求划分安全区。根据监控系统实际情况，在满足总体安全要求的前提下，可以简化安全区的设置，但是应避免形成不同安全区的纵向交叉联接。

（2）网络专用。电力调度数据网应当在专用通道上使用独立的网络设备组网，在物理层面上实现与电力企业其他数据网及外部公共数据网的安全隔离。电力调度数据网划分为逻辑隔离的实时子网和非实时子网，分别连接控制区和非控制区。

（3）横向隔离。在生产控制大区与管理信息大区之间必须设置国家指定部门检测认证的电力专用横向单向安全隔离装置。生产控制大区内部的安全区之间应当采用具有访问控制功能的设备、防火墙或者相当功能的设施，实现逻辑隔离。安全接入区与生产控制大区中的联接处必须设置经国家指定部门检测认证的电力专用横向单向安全隔离装置。

（4）纵向认证。在生产控制大区与广域网的纵向联接处应当设置经过国家指定部门检测认证的电力专用纵向加密认证装置或者加密认证网关及相应设施。

上述任何一项要求未满足即为不合格。在上述基本要求都满足情况下，开展监控系统安全防护评估。

三、系统生命周期各阶段的安全评估

变电站监控系统生命周期包含 5 个基本阶段：规划阶段、设计阶段、实施阶段、运行维护阶段和废弃阶段。安全评估工作应贯穿于监控系统整个生命周期。各阶段中涉及的安全评估的原则和方法一致，但由于实施的内容、对象、信息安全需求不同，安全评估的对象、目的、要求等方面也不同。

（一）规划阶段

规划阶段的安全评审是根据变电站监控系统的业务使命和功能，确定系统建设应达到的安全目标。主要根据未来系统的应用对象、应用环境、业务状况、操作要求等方面进行威胁分析，重点分析系统应达到的安全目标。规划阶段的评审结果应包含在变电站监控系统整体规划中。

（二）设计阶段

设计阶段的安全评审需根据规划阶段明确的系统安全目标，对系统设计方案的安全功能设计进行判断，以确保设计方案满足系统安全目标，并作为采购过程风险控制的依据。设计阶段的评审结果最终应体现在系统设

计方案中。

（三）实施阶段

实施阶段安全评估是根据系统安全需求和运行环境对系统开发实施过程进行安全风险识别，并对系统建成后的安全功能进行验证。根据设计阶段分析的威胁和建立的安全控制措施，在实施及验收时进行质量控制。评估中需对规划阶段的安全威胁进行进一步细分，评估安全措施的实现程度，确定已建立的安全措施能否抵御现有威胁、脆弱性的影响，并对源代码进行安全测评。在系统投运前，运行单位要自行组织或委托评估机构对系统进行上线安全评估。实施阶段安全评估主要对系统的开发与技术或产品获取、系统交付实施两个过程进行评估。

（四）运行维护阶段

运行维护阶段安全评估是掌握和控制变电站监控系统运行过程中的安全风险，包括在线运行监控系统资产、威胁、脆弱性等各方面评估，是一种较为全面的安全评估。

运行维护阶段的安全评估应常态化开展。在监控系统业务流程、系统状况发生重大变更时，也需及时进行安全评估。重大变更包括：

（1）系统增加新的应用或应用发生较大变更。

（2）网络结构和连接状况发生较大变更。

（3）监控系统和设备技术大规模的更新。

（4）系统升级或扩容改造。

（5）发生重大安全事件后，或存在发生重大安全事件的隐患。

（6）系统运行维护管理机构或人员发生较大规模调整。

（五）废弃阶段

变电站监控系统的废弃阶段应重点分析废弃资产对组织的影响，对因系统废弃可能带来的新的威胁进行分析。安全评估可包括：

（1）系统软、硬件等资产及残留信息的废弃处置。

（2）废弃部分与其他系统或部分的物理或逻辑连接情况。

（3）在系统变更时发生废弃，对变更部分进行评估。

四、评估内容

根据变电站监控系统的特性，安全评估内容包括资产评估、威胁评估、脆弱性评估。资产评估通过资产分类、资产调查、资产赋值等过程，最终形成资产列表和资产赋值报告。威胁评估通过威胁分类、威胁调查、威胁分析和赋值等过程，最终形成威胁分析报告。脆弱性评估主要包括基础设施安全、体系结构安全、本体安全、可信安全免疫、应急备用措施、安全管理等。

变电站监控系统安全防护评估工作，主要针对变电站网络边界、基础网络、主机系统、应用系统等进行全面、细致的风险评估。在开展变电站监控系统安全评估工作前，应根据确定的评估范围，对评估过程中可能引入的安全风险进行分析，编制应急预案并落实相关安全措施。

对评估资料和评估结果按照国家相关要求做好保密工作，可采取签订保密协议、最小接触原则、职业道德评估、人员保密管理、设备保密管理、文档保密管理等控制措施，明确问责和追责等处理办法，保证评估过程中产生、接触的所有记录、数据评估结果的安全、保密。

对安全评估实施过程进行风险控制，可采取严格操作的申请和监护、操作时间控制、制定应急预案、搭建运行系统模拟环境、关键业务系统采用人工评估、评估人员选取、评估现场安全培训等风险控制手段，防止安全评估过程中引入的风险。评估内容具体如下：

（一）资产评估

资产评估是依据《电力监控系统安全防护总体方案等安全防护方案和评估规范》（国能安全〔2015〕36 号）、《电力监控系统网络安全评估指南》（GB/T 38318—2019）等网络安全评估相关要求对监控系统的评估对象进行资产识别和赋值，确定其在电力生产控制中的重要性。其中，资产识别是对监控系统设备、数据和人员等系统构成元素进行分类、标记的过程。在确定评估范围后，对其中资产价值进行分析。资产识别是为了明确资产用途、使命和作用，进而确定资产价值的准备工作。资产的形式和内容各不相同，主要包括信息、软件、硬件、人员和系统五个表现形式。资产赋值是根据监控系统安全保护等级对系统重要性进行赋值的过程。根据安全等级、安全属性破坏后可能对组织造成非常严重、比较严重、中等程度、较低及不会损害，分为很高、高、中等、低、很低，并赋值5、4、3、2、1。

变电站监控系统的资产评估对象包括：监控系统网络、监控主机、安全防护措施、业务系统等。资产评估主要考虑两个方面的内容：一是系统中所存储、处理、传输的主要信息；二是系统所提供的主要服务。通过对每一类信息和服务等级的分析，最终确定监控系统的重要性级别。资产评估具体步骤包括：资产数据整理与核实、资产重要程度分析。其中，资产数据整理与核实是根据被评估单位提交的资料，进行资产数据的真实性的查证与确认。资产重要程度分析是根据资产承载的数据、提供的服务，判定资产重要程度的过程。

（二）威胁评估

威胁是资产可能受到的来自内部和来自外部的安全侵害。

威胁评估是通过技术手段、统计数据和经验判断对监控系统、监控系统网络与系统面临的威胁进行分析的过程。威胁评估主要包括两个方面，一是根据监控系统的运行环境确定面临的威胁来源。资产所处的环境不同，面临的威胁也不尽相同。变电站监控系统防护面临的主要威胁包括黑客、病毒、恶意代码、集团式攻击。二是确定威胁的严重程度和发生的频率。根据威胁出现的频率判断得出威胁赋值。评估中，根据威胁发生的可能性进行分析、赋值。赋值越高，说明资产面临的威胁越大。

威胁评估以与运行维护及管理人员访谈的方式进行，如提供的历史网络安全事件统计，也可作为威胁评估的补充内容。通过威胁评估，要达到明确变电站监控系统面临的主要威胁，以及这些威胁的等级的目的。

（三）脆弱性评估

脆弱性是信息资产及其防护措施在安全方面的不足，通常也称为漏洞。脆弱性可能被威胁利用，并对信息资产造成损害。脆弱性评估包括脆弱性识别和赋值两个步骤，是发现与分析电力监控系统中存在可能被威胁利用的缺陷的过程。

脆弱性识别是围绕资产展开，即首先识别资产本身的漏洞，然后分析发现管理方面的缺陷，最后综合评价该资产或资产组（系统）的脆弱性。脆弱性识别可从技术和管理两方面进行综合分析，技术方面包括物理安全、网络安全、主机安全、应用安全、数据安全及备份分析，技术方面的脆弱性识别主要采用工具审计和人工审计结合的方式进行。管理方面包括安全管理制度、安全管理机构、人员安全管理、系统建设管理、系统运维管理，管理方面的脆弱性主要通过访谈和调查问卷来识别。对以往安全事件的统计和分析是确定脆弱性的重要方法。

脆弱性赋值包含严重程度和对系统安全属性的影响两部分，即确定脆弱性对系统资产的暴露程度（包括被威胁利用的可能性和难易程度）和脆弱性对安全属性的哪方面产生了破坏。根据脆弱性的利用结果，如对资产造成完成损害、重大损害、一般损害、较小损害、损害可以忽略，标识为很高、高、中、低、很低，并赋值 5、4、3、2、1。

根据脆弱性识别和脆弱性赋值结果，对系统脆弱性进行总体评价，找到被评估系统与变电站监控系统安全防护要求的差距。

（四）安全防护措施确认

识别脆弱性的同时，评估人员应对现有安全防护措施的有效性进行确认。安全措施的确认应评估其有效性，即是否真正地降低了系统的脆弱性，抵御了威胁。对有效的安全措施继续保持，以避免不必要的工作和费用，防止安全措施的重复实施。对确认为不适当的安全措施应核实是否应被取消或对其进行修正，或用更合适的安全措施替代。

安全措施可以分为预防性安全措施和保护性安全措施两种。预防性安全措施可以降低威胁利用脆弱性导致安全事件发生的可能性，如入侵检测系统；保护性安全措施可以减少因安全事件发生后对组织或系统造成的影响，如业务持续性计划。

已有安全措施确认与脆弱性识别存在一定的联系，安全措施的使用将减少系统技术或管理上的脆弱性，但安全措施确认并不需要和脆弱性识别过程那样具体到每个资产、组件的弱点，而是一类具体措施的集合，安全措施只为风险处理计划的制定提供依据和参考。

（五）风险分析

风险分析中主要涉及资产、威胁、脆弱性三个基本要素，每个要素有各自的属性，资产的属性是资产价值威胁的属性可以是威胁主体、影响对象、出现频率、动机等，脆弱性的属性是资产弱点的严重程度。风险分析的主要内容为：

（1）对资产进行识别，并对资产的价值进行赋值，即资产赋值。

（2）对威胁进行识别，描述威胁的属性，并对威胁出现的频率赋值，即威胁赋值。

（3）对脆弱性进行识别，并对具体资产的脆弱性的严重程度赋值，即脆弱性赋值。

（4）根据威胁赋值及威胁利用脆弱性的难易程度判断安全事件发生的可能性。

（5）根据脆弱性的严重程度及安全事件所作用的资产的赋值计算安全事件造成的损失。

（6）根据安全事件发生的可能性以及安全事件出现后的损失，计算安全事件一旦发生对系统的影响，即风险值。

风险分析模型如图 5-2 所示。

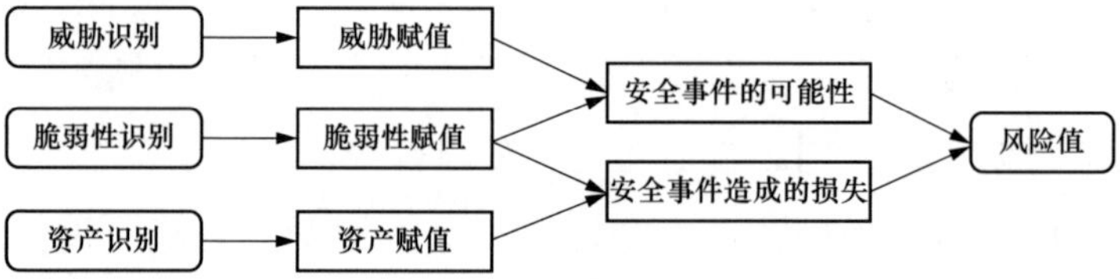

图 5-2　风险分析模型

五、评估工作流程

变电站监控系统安全防护评估工作基本流程依照《电力监控系统安全

防护总体方案等安全防护方案和评估规范》（国能安全〔2015〕36 号）附件 7“电力监控系统安全防护评估规范”进行，基本流程分启动准备阶段、现场评估阶段、风险分析阶段，以及安全建议阶段。安全防护评估工作流程如图 5-3 所示。

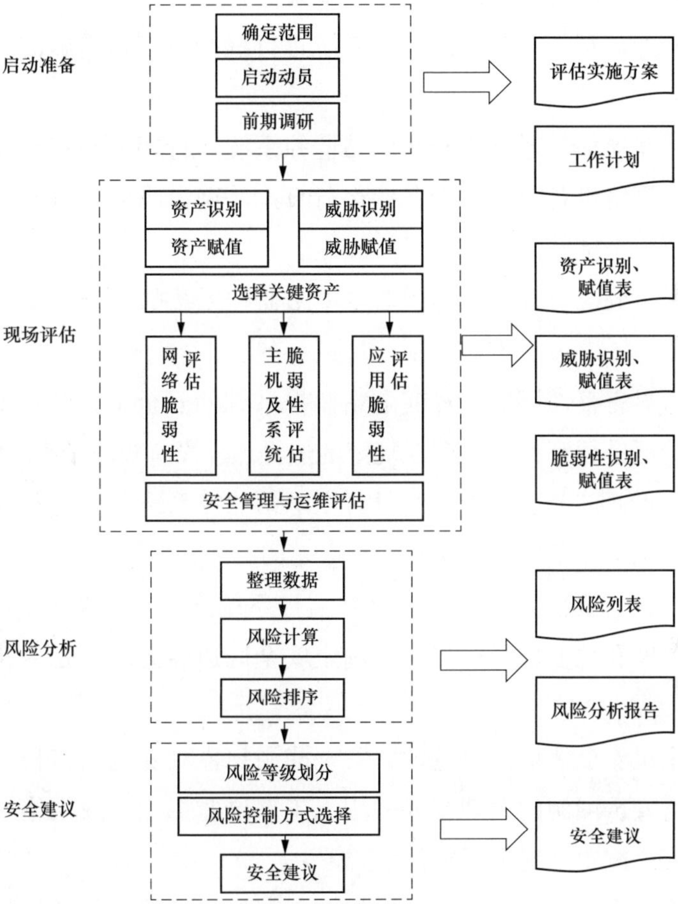

图 5-3　安全防护评估工作流程

（一）启动准备阶段

评估工作组与被评估单位进行安全评估前的沟通和交流，明确评估范围、工作方法、技术和工具、需准备的资料、应急措施等。变电站监控系统安全评估范围包括监控系统主机、监控系统网络、应用软件、变电站监控系统相关管理制度等。评估工具主要包括通用的漏洞扫描工具、协议分析工具、安全管理访谈表等。

（二）现场评估阶段

评估小组进驻变电站现场，进行资产识别与赋值、威胁识别与赋值、脆弱性评估、管理与运维评估，工作步骤如下：

（1）资产识别：对变电站监控系统进行资产识别，明确监控系统网络拓扑和业务。

（2）威胁评估：通过检查变电站监控系统运行环境和运行状态，检查监控主机、网络设备及安防设备的运行日志等确定当前变电站监控系统所面临的主要安全威胁。

（3）安全分区合理性评估：对变电站监控系统的安全区划分是否合理检修检查。

（4）边界完整性评估：对变电站监控系统的安全Ⅰ、Ⅱ、Ⅲ区之间的边界连接情况进行审核，确定在规定的边界点外没有短路情况。

（5）节点通信关系分析：通过对变电站监控系统业务流和业务网络结构的审核，确定业务功能模块与安全区之间的通信关系。

（6）边界安全性评估：对变电站监控系统安全区边界点的防护强度、访问控制力度和粒度进行审核，以确定安全区边界的防护是否符合总体方案的要求。

（7）主机安全评估：通过设备安全漏洞扫描对变电站监控系统业务系统设备进行安全漏洞的发现，并采用人工登录监控主机或网络设备的方式对设备的安全配置情况进行审计。

（8）网络系统评估：对调度数据网、变电站监控系统的网络结构、网络设备的安全性、网络管理情况、网络参数配置等进行评估。

（9）安全管理评估：对变电站电力监控系统相关管理制度文档以及制度的执行情况进行分析，通过分析发现现有制度中的缺陷。

（10）业务系统安全评估：对变电站监控系统软件的安全功能和自身的安全配置进行审核，以确定这些业务系统软件安全缺陷。

（11）现有安全技术措施评估：对现有安全技术措施，如变电站监控系统安全分区情况、纵向加密认证装置、横向隔离装置、防火墙和网络安全监测装置等部署情况、管理与运维情况等进行审核，确定防护措施是否发挥了应有作用。

（三）风险分析阶段

评估小组对现场评估阶段收集到的各类数据进行分析整理，确定变电站监控系统面临的安全风险，对风险进行分析和计算，评估系统的实际情况和计算消除或降低风险所需的成本，并在此基础上决定对风险采取接受、消除或转移等处理方式的过程。风险决策是提出安全建议的基础，科学、合理的风险决策是提高变电站监控系统安全建议质量、防止过度防护和防护不足的保障。

（四）安全建议总结阶段

评估小组与被评估单位交流和沟通变电站监控系统面临的威胁和存在的脆弱性，根据风险决策提出的风险处理计划，经过合理的统计归纳，形成安全解决方案建议并提供系统安全整改所需的技术支持。被评估单位应根据安全建议方案制定整改计划、落实整改措施，不断提高变电站监控系统安全防护能力。

第五节 风险规避措施

等级保护测评和安全评估工作本身也会引入安全风险，因此在等级保护测评及安全评估的实施过程中需要进行风险控制，可采取严格操作的申请和监护、操作时间控制、制定应急预案、搭建运行系统模拟环境、关键业务系统采用人工评估、评估人员选取、评估现场安全培训等风险控制手段，防止测评和评估过程中引入的风险。特别是变电站现场实施阶段风险和漏洞扫描的风险规避。

一、变电站现场实施阶段风险控制措施

在评估测评实施前，应根据确定的测评范围，对实施过程中可能引入

的风险进行分析，并制定应对措施。安全测评实施过程的风险控制手段主要包括：

（一）申请和监护

在实施过程中必须遵守安全工作规程，执行申请、授权、备份、监护等相关制度和流程。

（二）操作时间控制

对直接涉及电力生产的监控系统的测评工作，尽可能避开电力生产敏感时期。

（三）人员与数据管理

必须高度重视安全保密工作，加强资料管理，确保人员可靠、稳定和可控。测评与被测评单位之间应签署长期保密协议，测评人员与测评单位之间也要有相应的约束和控制措施。对生产控制大区安全测评的所有记录、数据、结果等不得以任何形式携带出被测评单位，按国家有关要求做好保密工作。

（四）制定应急预案

根据测评范围界定的电力监控系统情况，在实施前制定应急预案。

（五）运行系统模拟环境

对电力关键业务系统的测评可以考虑优先利用备用设备（系统）或搭建临时的模拟测试环境，仿真真实系统的结构、配置、数据、业务流程。测评操作在模拟环境中进行，以保证真实性和运行系统的安全、稳定。

（六）关键业务系统风险控制

对影响较大的电力关键业务系统在无法搭建模拟环境情况下，原则上不采用测评工具，采用访谈、检查和简单测试的方式进行。

（七）其他

为防止发生影响系统运行的安全事件，根据被测评对象的不同采取相应的风险控制手段。

二、漏洞扫描风险规避

漏洞扫描过程中会给运行的系统及设备带来额外的性能负担，因此需要重点加以关注，需要进行各方面的评估及安全防范。

（一）扫描预测试

在可能的情况下，对扫描对象进行预测评，存在主备机的先对备机进行扫描。测评方式上采用分类扫描和单台扫描。对不同的测评对象执行不同的扫描策略。

（二）减缓扫描速度

可以通过减少并发线程来降低被扫描设备所承受的压力，在几次测试后得出适中的并发线程及扫描方式。

（三）优化扫描策略

对不同的主机和设备类型执行分类扫描，从而减少不必要的脆弱项目测试。

对不同类型的主机或设备，根据其部署的应用和服务情况执行细化扫描策略，有针对性地制定扫描策略。

（四）数据备份与恢复

对业务系统和数据库主机，需要应对其上数据进行备份，防止测评过程中对设备与主机的损伤影响业务系统的正常运行。

（五）厂商协作

厂商需要提供监控系统的名称、版本、协议、开发语言、进程名和相应的端口号等信息，在测评之前，由三方共同分析测评对监控系统可能造成的风险，分析可能存在的问题。在测评过程中尽量规避这些风险。

第六章
变电站监控系统安全加固

安全加固指根据等级保护测评、安全风险评估等专业评估结果，对被保护对象进行安全加固，解决在等保测评和风险评估中发现的各种安全问题，是保障电力监控系统信息安全的关键环节。变电站监控系统安全加固的范围包括监控系统设备（监控主机及应用软件、数据通信网关机、测控装置、站控层交换机）、调度数据网设备、安全防护设备等，通常采取安装补丁、修改安全配置等方式，提升变电站监控系统的安全性和抗攻击能力。

第一节 安全加固概述

变电站监控系统安全加固必须基于安全可控的原则，遵循基本加固流程，控制作业风险，在不影响加固对象安全运行的前提下开展加固工作。

一、基本概念

变电站监控系统安全加固，是在保证变电站监控系统正常稳定运行的条件下，在识别系统面临威胁和存在脆弱性的基础上，对变电站监控系统进行安全配置或漏洞修补，从而提高自身安全性的过程。

安全加固工作可以在系统投运前、运行维护过程中、等级保护建设过程中、风险评估后开展。安全加固对象包括：操作系统、数据库、通用服务、应用服务、网络设备、安全防护设备等。加固内容包括设备管理、用户与口令、日志与审计、网络服务等多个方面。

二、基本原则

在安全加固工作中应遵循以下原则：

（1）规范性原则：安全加固的方案设计与实施应依据国家或公司的相关标准进行。

（2）可控性原则：安全加固工作应该做到人员可控、工具可控、项目过程可控。

（3）最小化原则：安全加固遵循最小化原则，即专机专用原则，针对单一业务服务，关闭其他不使用服务。

（4）最小影响原则：安全加固应在保证电力监控系统正常稳定运行的条件下进行，实时控制系统或设备的安全加固和补丁升级工作应尽量选择在设备检修期间进行，避免对业务造成直接影响。

（5）保密原则：对加固的过程数据和结果数据严格保密，不得泄露给任何第三方单位或个人，不得利用此数据进行任何侵害行为。

三、作业风险

安全加固作业过程中可能出现的作业风险有：

（1）IP 地址冲突导致运行设备及系统异常。

（2）带病毒的安全加固作业终端接入网络导致病毒传播，引起系统异常或大面积瘫痪，甚至威胁电网安全。

（3）程序版本不一致导致功能异常。

（4）工作站配置文件错误导致功能异常。

（5）安全加固批处理应用错误异常。

（6）网络安防设备安全加固配置有误导致网络中断。

（7）后台监控系统安全加固导致 Agent 无法正常使用等。

（8）作业流程不完整、记录不清晰明确，导致加固过程无法追溯。

四、风险管控

为尽可能规避变电站监控系统安全加固作业过程中可能的风险，对可能出现的安全风险须提前做好准备工作，在加固过程中采取必要的安全措施。至少应包括：

（1）安全加固作业终端在接入网络前，预先在网络内 Ping 预置的 IP 地址，保证该 IP 地址为空闲地址。

（2）安全加固作业终端在接入网络前进行病毒查杀，如存在顽固木马，应格式化重装系统。

（3）确保安装的程序文件版本是当前系统运行的版本。

（4）详细确认关键配置文件的配置。

（5）安全加固后须经过测试，再重启服务器。

（6）禁止双平面同时加固，确保单个平面正常工作的前提下，开展另一平面的安全加固工作。

（7）严禁中断 Agent 进程，预先在工作票中明确后台监控系统安全加固可能造成 Agent 无法正常使用，导致网络安全管理平台不能及时收集相关信息。

（8）严格按照操作手册开展加固作业，严格按步骤执行、落实过程记录工作。

五、加固流程

变电站安全加固的流程主要包括加固前准备工作和安全加固作业。安全加固流程如图 6-1 所示。

（一）加固前准备工作

（1）确定要进行加固工作后，组织人员全面调研搜集设备资料，掌握监控系统网络拓扑、设备名称、IP 地址、型号及厂家、操作系统等信息。根据设备情况和等保测评报告确定需加固的设备及加固项目。

（2）讨论确定系统及设备安全加固实施方案，制订加固计划、具体内容，评估可能出现的安全风险，确定所需的安全措施，对于关键设备或系统，必要时应编制应急预案。

（3）根据加固内容准备需要的软、硬件工具，包括加固升级程序、文件；关键设备、关键程序或配置文件备份；专用笔记本、专用移动介质、接口线等。

（二）安全加固作业过程中的注意事项

（1）做好安全措施，更新备份文件，记录当前配置。

（2）根据加固方案对操作系统、数据库、通用服务、应用服务、网络设备、安全设备和电力专用安全装置等实施安全加固操作，加固过程中执行的命令、参数和配置应详细记录。

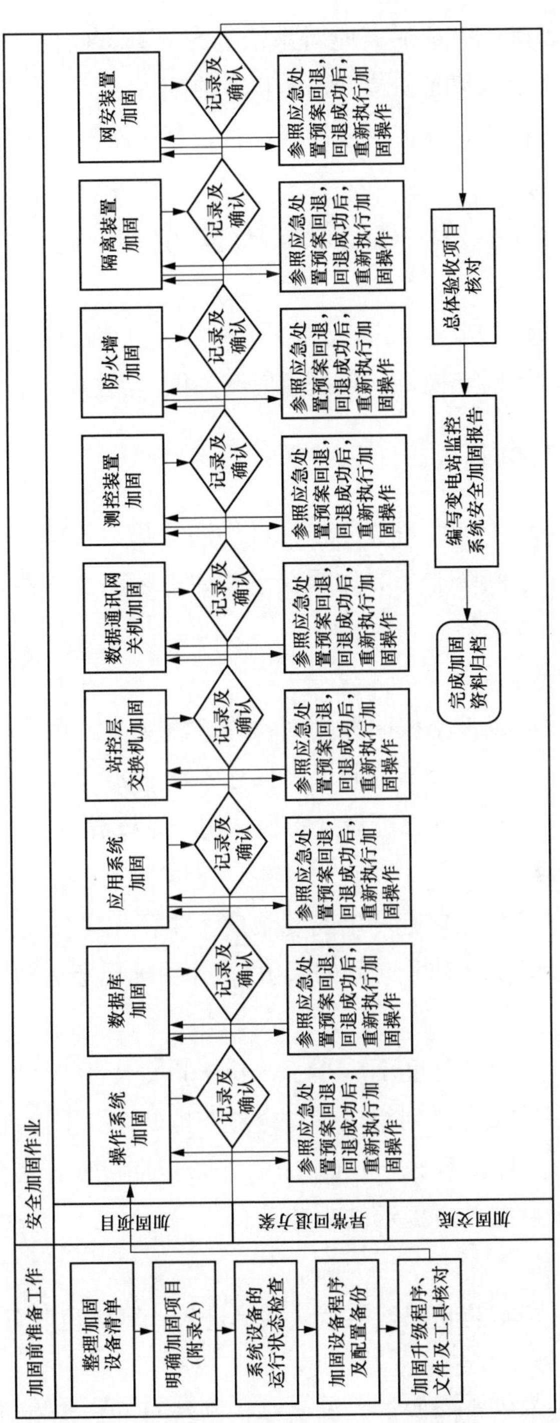
加固前准备工作
整理加固设备清单
明确加固项目(附录A)
系统设备的运行状态检查
加固设备程序及配置备份
加固升级程序、文件及工具核对
安全加固作业
加固项目
异常回退方案
加固交底
操作系统加固
数据库加固
应用系统加固
站控层交换机加固
数据通讯网关机加固
测控装置加固
防火墙加固
隔离装置加固
网安装置加固
记录及确认
参照应急处置预案回退，回退成功后，重新执行加固操作
总体验收项目核对
编写变电站监控系统安全加固报告
完成加固资料归档

图 6-1　安全加固流程

（3）安全加固操作完成后，应对系统进行核查，确保功能正常、安全加固实施无误。否则恢复备份或回退至更改前配置。

（4）完成加固作业，整理形成加固报告，更新设备版本等台账信息。

第二节 监控系统安全加固

变电站监控系统的安全加固范围主要包括：主机设备、数据库软件、监控应用软件、站控层交换机、数据通信网关机、测控装置的安全加固。

一、主机设备加固

变电站监控系统主机设备加固包括操作系统账户权限、口令策略、禁止默认共享的使用、网络服务、远程登录、回话超时、屏幕保护、恶意代码防范和漏洞管理等内容。

（一）账户权限

账户权限加固应以最小权限原则对操作系统用户、用户组进行权限设置，实现不同用户的权限分离，并保证操作系统中不存在多余的或过期账户。加固之前，应将原文件进行有效备份，用于系统异常后的恢复。

（二）口令策略

操作系统账户口令应具有一定的复杂度。应预先定义不成功鉴别尝试的管理参数（包括尝试次数和时间的阈值），并明确规定达到该值时应采取的拒绝登录措施。

一般的要求有：口令长度不应小于 8 位；口令应由大写字母、小写字母、数字和特殊字符混合排列组成；口令应与账户名不同；连续登录失败 5 次后，应锁定账户时长不小于 10min；口令应定期更换，最大使用天数不超过 180 天；口令过期前应提示修改等。

（三）默认共享

应关闭默认共享，防止黑客从默认共享进入计算机窃取资料。

（四）网络服务

应关闭系统中不安全的服务，确保操作系统只开启承载业务所必需的网络服务和网络端口。应禁止配置默认路由，禁止转发。

（五）远程登录

应禁止使用不安全的远程登录协议。监控主机应设定接入方式、网络IP地址范围等远程登录限制条件，并禁用root远程登录。

（六）会话超时

配置设备远程和本地登录超时退出，防止越权访问，避免空闲任务过度占用登录资源。

（七）屏幕保护

应启用屏幕保护功能，操作系统在长时间无人操作时，自动返回登录界面。

（八）恶意代码和漏洞

应及时安装操作系统安全补丁，配置病毒库升级策略，配置病毒查杀策略。

应关闭存在漏洞程序的服务或通过访问控制限制对漏洞程序的访问。

（九）USB、光驱

应禁用USB存储接口及光驱设备的接入，使服务器无法读取U盘、光驱设备。

（十）日志审计

开启日志审计功能，设置日志审计对象和合理的覆盖时间。

二、数据库软件加固

数据库软件加固包括账户权限、口令策略、远程登录、最大访问连接数、会话超时、日志审计等内容。

（一）账户权限

以最小权限原则对操作系统用户、用户组进行权限设置，实现不同用户的权限分离，并保证操作系统中不存在多余或过期的账户。

（二）口令策略

数据库账户口令应具有一定的复杂度。应预先定义不成功鉴别尝试的管理参数（包括尝试次数和时间的阈值），并明确规定达到该值时应采取的拒绝登录措施。具体可以参照操作系统对口令的要求。

（三）网络服务

删除默认安装时装载的示例数据库，确保数据库系统中只安装、运行完成系统各个业务所必需的程序、服务、数据库，删除多余的网络连接协议，更改默认的通信端口，启用数据库的通信加密功能，保证与数据库系统通信的数据在网络传输过程中的安全。

（四）远程登录

应禁止使用不安全的远程登录协议。数据库应设定接入方式、网络 IP 地址范围等远程登录限制条件。

（五）数据访问控制

应严格限制数据文件、数据表权限，保证除属主和超级管理员外，其他用户对数据文件、数据表没有读写权限。禁止使用系统管理员账号启动并运行数据库系统。

（六）最大访问连接数

应限制数据库访问最大连接数。

（七）会话超时

配置设备远程和本地登录超时退出，防止越权访问，避免空闲任务过度占用登录资源。

（八）日志审计

应提供用户操作日志记录功能，记录访问数据库的 IP 地址、用户名称等信息。

三、监控应用软件加固

监控系统应用软件加固包括账户权限、口令策略、登录控制、日志审计等内容。

（一）账户权限

按照权限最小化原则，将平台与应用的权限分配给不同角色。根据用户的职责关联其用户相关的角色。删除超级管理员，删除系统中多余的临时账号、测试账号。

（二）口令策略

用户口令应具备足够的强度，口令长度不少于8位，应同时包含数字、字母和特殊符号。口令应定期更换，有效期时间为90天，提前10天提醒。

（三）登录控制

同一账户能且仅能在一个节点登录人机界面工具。人机界面工具一段时间内无操作，用户应自动退出登录。同时限制连续失败登录次数，并确定处理方式。

（四）会话控制

为关键用户设置登录的IP限制，仅允许最少的必要的IP地址可连接登录应用系统。限制最大的客户端并发连接数，禁止同一用户的多个并发连接。

启用应用软件提供的加密功能，在客户端和应用服务器之间加密网络通信。启用应用软件提供的重鉴别功能，在用户执行关键、敏感权限时，必须再次进行鉴别（如口令鉴别等），才能执行成功。

（五）数据访问控制

严格限制应用系统配置文件的访问权限，保证除管理员外，其他用户对配置文件没有读、写权限。设置可执行程序的访问权限，保证除管理员外，其他用户对配置文件没有执行、修改权限。

（六）日志审计

应提供覆盖每个用户的安全审计功能，对应用系统的用户登录、用户退出、增加用户、修改用户权限等重要安全事件进行审计，应提供对审计记录数据进行统计、查询、分析及生成审计报表的功能。

四、站控层交换机加固

变电站监控系统站控层交换机应支持SNMP和安全防护MAC地址绑定，对于运行站交换机的加固，不能影响网络结构及装置正常运行。加固内容包括：账户权限、口令策略、网络服务及端口、SNMP协议安全、管理和业务隔离。

（一）账户权限

应按照用户性质分别创建账号，禁止不同用户间共享账号，禁止人员和设备通信公用账号。

（二）口令策略

不得使用默认口令。通过控制台和远程终端登录设备，应输入用户名和口令，口令长度不能小于 8 位，要求是数字、字母和特殊字符的混合，不得与用户名相同。

（三）网络服务及端口

关闭 HTTP、TELNET 等交换机不必要的服务，不必要的网络端口。站内交换机不应开放远程管理功能。关闭空闲的硬件端口。

（四）SNMP 协议安全

应修改 SNMP 默认的通信字符串，字符串长度不能小于 8 位，要求是数字、字母或特殊字符的混合，不得与用户名相同。字符串应 3 个月定期更换和加密存储。SNMP 协议应配置 V2 及以上版本。

（五）管理和业务隔离

管理端口与业务端口隔离，禁止网络互通。

五、数据通信网关机加固

监控系统数据通信网关机分为嵌入式和工控机式两类。嵌入式数据通信网关机加固包括网络服务、远程登录、配置明细路由、清理非业务 IP。

（一）网络服务

应关闭系统中不安全的服务，确保操作系统只开启承载业务所必需的网络服务和网络端口。

（二）远程登录

应禁止使用不安全的远程登录协议。主机应设定接入方式、网络 IP 地址范围等远程登录限制条件。

（三）配置明细路由

通信网关机网络访问要写明细路由，禁止配置默认网关。

（四）清理非业务 IP

清理数据通信网关机内与业务无关的网络地址。

工控机类通信网关机安全加固除满足上述要求外，还应参照主机类设备，增加账户权限、口令策略、会话超时等加固内容。

六、测控装置加固

测控装置分非国网“四统一”测控和国网“四统一”测控装置。前者主要加固内容为口令策略、网络服务，后者还需增加账户权限、远程登录、会话超时加固内容。

（一）口令策略

测控装置网络服务及配置软件的账户口令应满足复杂性要求。应预先定义不成功鉴别尝试的管理参数（包括尝试次数和时间的阈值），并明确规定达到该值时应采取的拒绝登录措施。

（二）网络服务

应关闭系统中不安全的服务，确保操作系统只开启承载业务所必需的网络服务和网络端口。

（三）账户权限

应以最小权限原则对操作系统用户、用户组进行权限设置，实现不同用户的权限分离，并保证操作系统中不存在多余或过期的账户。

（四）远程登录

应禁止使用不安全的远程登录协议。应设定接入方式、网络 IP 地址范围等远程登录限制条件。

（五）会话超时

配置设备远程和本地登录超时退出，防止越权访问，避免空闲任务过度占用登录资源。

第三节　调度数据网设备安全加固

电力调度数据网设备的安全加固范围包括：调度数据网路由器、交换机。

一、调度数据网路由器安全加固

调度数据网路由器安全加固主要从账户权限、口令策略、登录失败、会话超时、网络连接、网络服务、协议安全配置、远程管理、SNMP 协议安全、空闲端口管理、日志审计等方面进行。

（一）账户权限

应按照用户性质分别创建账号，禁止不同用户间共享账号，禁止人员和设备通信公用账号。

配置不同等级的用户，实现特权分离，如配置管理员（admin）、审计员（audit）、操作员（operator）账户，权限分别对应 level-15、level-1、level-2。

（二）口令策略

通过控制台和远程终端登录设备，应输入用户名和口令，口令长度不能小于 8 位，要求是数字、字母和特殊字符的混合，不得与用户名相同。口令应 3 个月定期更换和加密存储。

（三）登录失败处理

应限制非法登录的次数及锁定时间，防止恶意猜解口令。

通过用户配置模式，配置登录失败处理，实现登录失败 3～5 次锁定 10～20min。

（四）会话超时

配置设备远程和本地登录超时退出，防止越权访问，避免空闲任务过度占用登录资源。

（五）网络连接

在网络设备上配置参数限制网络连接数和最大流量，防止由攻击引起或网络流量或者连接数过大造成网络拥塞，影响业务正常运行。

通过 QoS（quality of service，服务质量）技术对接口的入流量与出流量进行监管，具体流量根据实际业务需求进行设定。

注意预先确认网络流量，防止流量限制造成业务影响。

（六）网络服务

应关闭设备中不安全的服务，确保只开启承载业务所必需的网络服务和网络端口。

（七）协议安全配置

应检查调度数据网网络设备的安全配置，应避免使用默认路由，关闭网络边界 OSPF（open shortest path first，开放式最短路径优先）路由功能，在使用 OSPF 路由功能时，应进行 OSPF 路由 MD5 认证。

注意禁用默认路由前，必须预先配置静态路由或动态路由，防止通信中断。

（八）远程管理

对于使用 IP 协议进行远程维护的设备，设备应配置使用 SSH 等加密协议，如采用 SSH、HTTPS 服务代替 TELNET、HTTP 实施远程管理，提高设备管理安全性。

（九）SNMP 协议安全

应修改 SNMP 默认的通信字符串，字符串长度不能小于 8 位，要求是数字、字母或特殊字符的混合，不得与用户名相同。字符串应 3 个月定期更换和加密存储。SNMP 协议应配置 V2 及以上版本。

采用访问控制列表机制，对 SSH、SNMP 等访问地址进行限制，并将访问控制列表进行引用。

（十）空闲端口管理

应关闭路由器上的空闲端口，防止恶意用户利用空闲端口进行攻击。

（十一）日志审计

启用本地日志功能。路由器通过 SYSLOG 接口将交换机的日志信息传输至日志服务器或网络安全管理平台，并确保日志至少保存 6 个月。

二、交换机安全加固

数据网交换机安全加固内容和注意事项与路由器相似，包含账户权限、口令策略、登录失败、会话超时、网络连接、网络服务、协议安全配置、远程管理、SNMP 协议安全、空闲端口管理、日记审计。

此外，还需进行 MAC 地址绑定，使用 IP 地址、MAC 地址和端口绑定，防止 ARP 攻击、中间人攻击、恶意接入等安全威胁。

第四节　安全防护设备安全加固

变电站安全防护设备的安全加固范围包括防火墙和电力专用安全装置加固等。

一、防火墙安全加固

防火墙安全加固内容包括账户权限、口令策略、IP-MAC 地址绑定、网络连接可靠性、限制 IP 访问、登录失败处理、远程管理、访问控制、配置明细路由、会话超时退出、网络服务加固、管理业务隔离、日志审计等。

（一）账户权限

在防火墙账户管理功能模块，根据防火墙功能设计情况设置不同权限的账户，实现用户的权限分离，同时通过管理手段防止共享使用账户的情况。用户权限加固完成后可防止多个用户共用账户及普通用户获得管理员权限，避免误操作的风险。

（二）口令策略

通过控制台和远程终端登录时，应输入用户名和口令，在防火墙的系统策略、系统配置功能模块或通过管理手段，设置口令长度不能小于 8 位，要求是数字、字母和特殊字符的混合，不得与用户名相同。口令应定期更换和加密存储。密码认证加固可防止用户身份鉴别信息被冒用或破解。

（三）IP-MAC 地址绑定

设置防火墙安全选项，按照需求绑定登录设备 IP-MAC 和端口，绑定前需明确 IP 地址与 MAC 地址的对应关系，防止 MAC 地址绑定造成业务中断，IP-MAC 地址绑定加固完成后，可防止 ARP 攻击、中间人攻击、恶意接入等安全威胁。

（四）网络连接可靠性

在防火墙的系统策略或者系统配置功能模块，根据防火墙的功能设计情况及实际数据通信情况，设置网络连接数等参数。加固完成后可防止由攻击引起或网络流量及连接数过大造成网络拥塞，避免影响正常业务。

（五）限制 IP 访问

对可访问防火墙的管理终端地址作出限制，对于采用 WEB 管理，仅允许管理口进行本地登录管理，可有效防止非法接入网络的行为。

（六）登录失败处理

在防火墙账户管理模块、系统策略或系统配置功能模块，设置登录失败处理策略，实现登录失败特定次数后采取锁定等措施。登录失败处理加固可防止用户暴力破解获得系统的访问权限，避免口令被暴力破解。

（七）远程管理

对于使用 IP 协议进行远程维护的设备，应配置使用 SSH 等加密协议，采用 SSH 服务代替 TELNET 实施远程管理，禁止使用 TELNET 等明文协议进行远程登录，可防止身份鉴别信息遭受监听或中间人攻击，避免信息泄露。

（八）访问控制

防火墙的访问控制策略应采用“最小颗粒度”原则，仅允许实际业务所需的 IP 地址、服务和端口通过。访问控制加固可防止针对性的网络攻击。

（九）配置明细路由

在防火墙路由配置模块，配置明细路由，禁止配置默认路由。配置明细路由加固可防止内外部网络接入风险。

（十）会话超时退出

防火墙默认支持超时退出策略，同时防火墙可在安全配置策略或者用户配置模块对超时退出时间进行配置。会话超时退出加固可防止越权访问，避免空闲任务占用登录资源。

（十一）网络服务加固

关闭设备不必要的服务，仅预留 HTTPS、SSH 等安全服务。网络服务加固可防止敏感信息泄露。

（十二）管理业务隔离

设置管理端口为专用管理口，实现与业务端口的隔离。管理业务隔离加固可避免网络互通导致的信息泄露。

（十三）日志审计

应指定日志服务器，定期对防火墙日志进行存储与备份，备份保留时间至少为半年。转存日志可防止恶意用户对操作系统和数据库系统实施非授权访问或恶意操作后销毁证据以及删除或修改系统审计日志。

二、电力专用安全装置加固

电力专用安全装置包括：横向单向安全隔离装置、纵向加密认证装置或网关、网络安全监测装置等。加固内容包括账户权限、口令策略、IP-MAC 地址绑定、网络服务加固、会话超时退出、配置明细路由、日志审计等。

（一）账户权限

设置不同权限的账户，实现用户的权限分离，同时通过管理手段防止共享使用账户的情况。

（二）口令策略

设置口令长度不能小于 8 位，要求是数字、字母和特殊字符的混合，不得与用户名相同。口令应定期更换和加密存储。

（三）IP-MAC 地址绑定

按照需求绑定登录设备 IP、MAC 和端口，防止 ARP 攻击、中间人攻击、恶意接入等安全威胁。

（四）网络服务加固

关闭服务自启动后重启服务器，关闭网络服务守护程序（extended internet services daemon，Xinetd）服务、邮件服务以及其他默认启动服务，禁用 ROOT 用户远程登录。避免恶意用户轻易获取威胁资源发起有针对性的网络攻击，有效防止内外部网络接入风险。

（五）会话超时退出

增加会话超时退出命令，会话超时退出可避免非法登录。

（六）配置明细路由

禁止配置默认路由，防止内外部网络接入风险。

（七）日志审计

应配置日志审计功能，日志至少保存半年。避免恶意用户对操作系统和数据库系统实施非授权访问，或恶意操作后销毁证据并消除踪迹删除或修改系统审计日志。

第七章
变电站监控系统安全漏洞管控

漏洞指产品和服务在需求分析、设计、实现、配置、测试、运行、维护等过程中，无意或有意产生的、有可能被利用的缺陷或薄弱点，从而可以使攻击者能够在未授权的情况下访问或破坏产品和服务。开展变电站监控系统网络安全漏洞闭环管控，是提升变电站监控系统网络安全的基本要求。

第一节 漏洞分类分级

漏洞指在硬件、软件和协议的具体实现或系统安全策略上存在的缺陷，对漏洞的成因或可能对系统造成的直接威胁进行分类，可在系统或设备的全生命周期有针对性地对漏洞进行预防及修复。同时漏洞也需明确其严重程度划分的标准，为判断修复不同漏洞的优先级提供依据。

一、漏洞分类

漏洞基于产生或触发的技术原因进行划分，可分为代码问题、配置错误、环境问题和其他。但从漏洞的本质上来理解，主要分为以下两类：

（1）代码问题：由于产品和服务的代码开发过程中因设计或实现不当而存在安全缺陷，导致攻击者恶意构造的数据进入程序相关处理代码时，会改变程序原定的执行流程，从而实现破坏或获取超出原有权限的能力。

（2）安全策略：包含配置错误和环境问题，由于产品和服务安全策略设置得不够严谨或者未做设置，导致攻击者能够在未经授权的情况下，获得原本不应拥有的访问或控制权限。

细化的安全漏洞分类如《信息安全技术 网络安全漏洞分类分级指南》（GB/T 30279—2020）中的分类导图，具体如图 7-1 所示，可以发现绝大多数的安全漏洞都源自代码问题，而由此产生的安全漏洞也可以根据其具体形成原因进行细化分类，以便其更好地描述和定位。

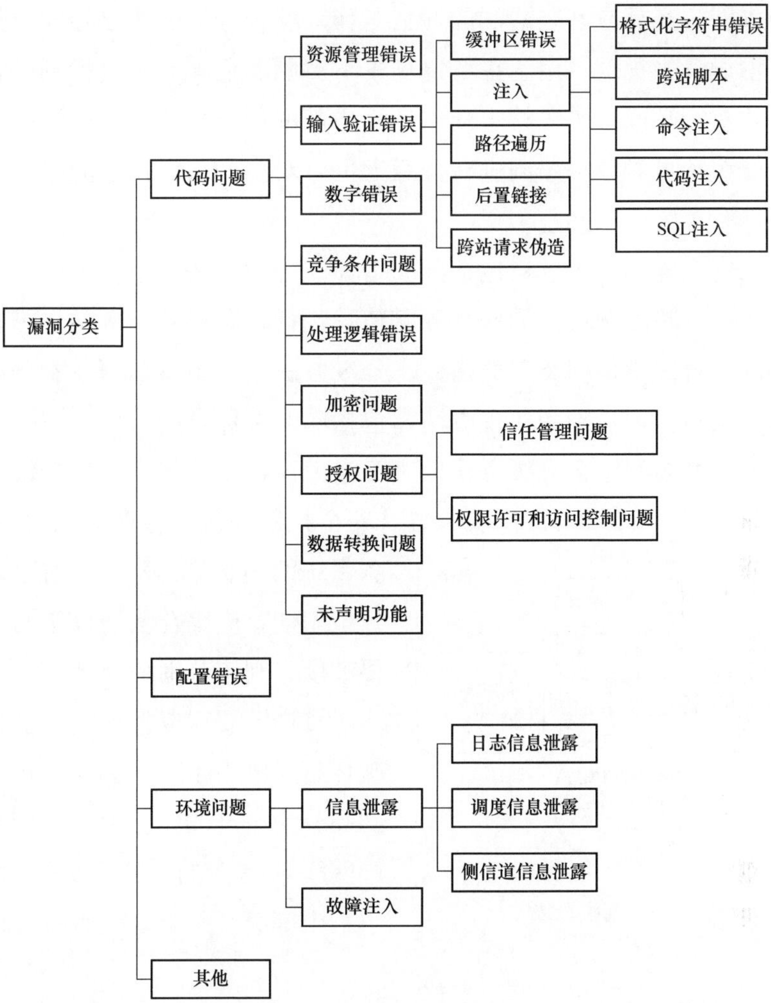

图 7-1 网络安全漏洞分类导图

二、漏洞分级

根据《信息安全技术 网络安全漏洞分类分级指南》（GB/T 30279—2020）相关规定，网络安全漏洞分级根据漏洞分级的场景不同，分为技术分级和综合分级两种分级方式，每种分级方式均包括超危、高危、中危和低危四个等级。其中，技术分级反映特定产品或系统的漏洞危害程度，用于从技术角度对漏洞危害等级进行划分，主要针对漏洞分析人员、产品开发人员等特定产品或系统漏洞的评估工作。综合分级反映在特定时期特定环境下漏洞危害程度，用于在特定场景下对漏洞危害等级进行划分，主要针对用户对产品或系统在特定网络环境中的漏洞评估工作。漏洞技术分级和综合分级均可对单一漏洞进行分级，也可对多个漏洞构成的组合漏洞进行分级。

网络安全漏洞分级过程包括分级指标和分级方法两方面内容。分级指标主要阐述反映漏洞特征的属性和赋值，包括被利用性指标类、影响程度指标类和环境因素指标类三类指标。分级方法主要阐述漏洞技术分级和综合分级的具体实现步骤和实现方法，包括漏洞指标类的分级方法、漏洞技术分级方法和漏洞综合分级方法。对于电力监控系统来说，根据设备的安全等级（Ⅰ区、Ⅱ区等）、部署位置（安全控制大区、管理信息大区）、业务系统的场景等的不同，对于漏洞定级也不同，应综合漏洞分级与资产重要程度、利用范围综合定级。

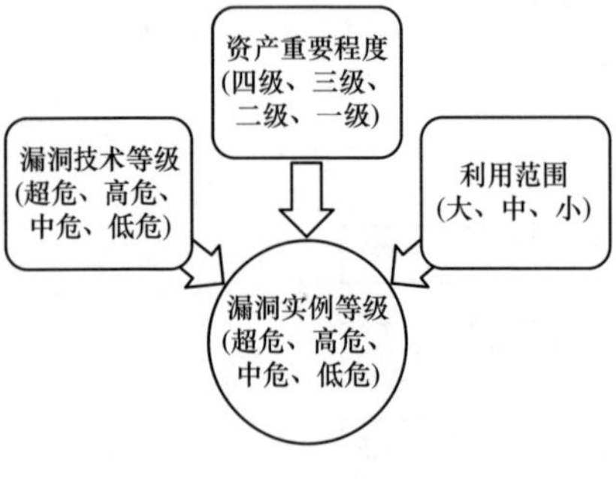

图 7-2　漏洞分级

资产重要程度根据资产被控制或破坏后对电力生产的影响程度，由低到高分为一至四级。利用范围根据资产网络暴露面的大小，分为大、中、小三个等级。漏洞分级如图 7-2 所示。

第二节　常　见　漏　洞

变电站监控系统相比于通用信息系统有其特殊性，其主要设备类型包括主机设备、网络设备、安防设备和智能电子设备（intelligent electronic device，IED）。其中主机设备主要搭载常见操作系统和应用系统；网络设备、安防设备和 IED 设备搭载特定操作系统和应用系统，IED 设备通常指测控装置、远动装置、保护装置等设备。

变电站监控系统根据其设备类型的不同，涉及的漏洞类型也有所不同，主要包括信任管理、权限许可和访问控制、加密问题、缓冲区溢出、信息泄露、注入漏洞等常见漏洞。

一、信任管理

信任管理问题指因缺乏有效的信任管理机制，导致受影响应用程序存在可被攻击者利用的默认密码、硬编码及证书等问题。此类漏洞在实际环境中往往是因为管理员的疏忽，在安装完成应用程序后未及时修改默认密码，导致攻击者在探测到相关组件信息后，采用默认密码即可登录并进行进一步攻击。

变电站监控系统的测控装置或后台机，若存在默认密码或弱密码，如admin/123456等，攻击者可以轻易地获得访问权限，并获取敏感信息，甚至获得控制权。例如，2016年，国内某变电站监控系统提供商的产品存在默认口令漏洞，攻击者利用该漏洞访问系统，获取包括密码在内的所有敏感信息。这些信息包括变电站的物理结构图、设备信息、运行状态、维护记录等。攻击者可以利用这些信息，实施更广泛的攻击，对电网的安全造成严重威胁。

二、权限许可和访问控制

权限许可和访问控制漏洞指未能正确限制用户或进程对敏感数据的访问，这可能会导致未经授权的用户或进程访问这些数据。这些漏洞可能是由于配置错误、错误的访问控制列表或权限设置不当等原因引起的。理论上用户对应用程序的请求或操作，需要加设访问控制和权限许可检查，但实际环境中由于该策略一般都是人为设定，常常会因为疏忽或其他问题出现纰漏，导致攻击者可以执行某种没有执行权限的操作，如未授权访问。

对于访问控制漏洞，电力系统中也存在类似的问题。由于系统中存在大量的机密信息，比如发电机的状态、电网负荷和变压器的状态等，因此需要对这些信息进行有效的保护。例如，2019年黑客成功入侵了某电厂的控制系统，这是由于访问控制错误导致的。攻击者通过修改某些参数，让发电机在高速运行时突然停机，从而造成了一定的影响。调查人员发现，攻击者使用了一组有效的凭据登录到系统中，并能够访问关键数据和控制系统中的进程。这表明系统管理员未正确配置用户和权限访问控制列表，导致攻击者能够轻松访问系统。此外，攻击者还利用了系统中存在的安全漏洞来获取管理员权限。

三、加密问题

加密问题指未正确使用相关密码算法导致的内容未正确加密、弱加密、明文存储敏感信息等问题。该漏洞是与加密使用有关的漏洞，在密码、支付信息或个人数据需要存储或者传输时，是必须通过某种方法进行加密的，但如果这期间存在问题，这可能导致敏感数据泄漏或者通过会话欺骗绕过身份验证，甚至获得控制权。

在2017年，国内某电力企业的控制中心曾经发生了一起被黑客攻击的事件。攻击者通过利用加密问题成功突破了企业的网络安全防线，进而掌控了控制中心的系统。黑客通过在某些网络设备中植入后门，成功拿到了加密算法的密钥，从而获取了数据加密和解密的能力，进而窃取了大量敏感信息。由于该企业使用的是弱加密算法和不安全的密钥管理方式，因此黑客轻松地突破了系统的加密保护。

四、缓冲区溢出

缓冲区溢出漏洞也是电力系统安全面临的威胁之一。缓冲区溢出漏洞指程序在向缓冲区写入数据时，超出了缓冲区的大小，导致数据覆盖了后面的内存区域，进而影响了程序的行为。此类漏洞主要是由于开发人员在编写程序中对接收的输入数据没有进行有效的检测，对缓冲区使用不当导致的，向缓冲区内填充数据时超过了缓冲区本身的容量，而导致数据溢出到被分配空间之外的内存空间。攻击者可以通过缓冲区溢出漏洞来执行恶意代码或者执行任意代码，从而掌控系统。攻击者还可以利用该漏洞导致系统关机、重新启动，程序运行失败或者执行攻击者的指令，比如非法提升权限等。

在2003年，美国国家电网公司曾经遭受了一次严重的攻击，这是由于存在缓冲区溢出漏洞导致的。攻击者通过利用变电站的控制系统中的缓冲区溢出漏洞，将病毒程序加载到了系统中。这个病毒程序能够远程控制变电站的操作，改变发电机的频率和电压，从而导致电力系统的崩溃。

五、信息泄露

信息泄露指在运行过程中，因配置等错误导致的受影响信息被非法授权获取的漏洞。这些漏洞往往在实际运行过程中并不会产生不良结果，但是容易被网络爬虫或者中间人截获，从而在用户无察觉的情况下获取到进一步展开攻击所需的基本信息。

网站和相关技术的不安全配置会造成该漏洞的出现，如果未能禁用调试和诊断功能，会导致攻击者获取到敏感信息。应用程序的设计和行为有缺陷也是该漏洞产生的一个重要原因，如果一个网站在发生不同错误状态时返回不同的响应，也会导致攻击者获取到敏感信息，为攻击者的进一步攻击提供便利。

2017年，美国能源部门的电网信息系统曾经遭到了黑客攻击，攻击者通过信息泄露漏洞，获取了能源部门的许多机密信息，包括机密文件和敏感数据等。这次攻击导致能源部门的许多业务被迫停止，造成重大损失。

六、注入漏洞

注入漏洞是一种常见的安全漏洞，攻击者可以利用该漏洞在系统中注入恶意代码或者修改数据，对系统造成破坏。用户输入构造命令、数据结构或记录的操作过程中，由于缺乏对用户输入数据的正确验证，导致未过滤或未正确过滤掉其中的特殊元素，引发的解析或解释方式错误问题。典型的注入漏洞包括命令注入、SQL注入、跨站脚本（XSS）等。

此类漏洞利用的是程序执行过程中从外部获取数据尤其是执行命令语句的途径，其本质是将攻击者输入的数据作为命令代码去执行，如攻击者可以构造特定的SQL语句，若后台业务逻辑未做检验，则可以通过该SQL查询获取到数据库的信息乃至数据信息。

在变电站监控系统中，如果存在注入漏洞，攻击者可以通过操纵数据，更改变电站的运行状态，或者获取敏感信息。2017年，中国某变电站监控系统存在SQL注入漏洞，攻击者可以通过该漏洞轻易地访问数据库，获取包括管理员密码在内的大量敏感信息，还可以修改系统中的设备信息、运行状态等数据。攻击者可以通过更改变电站的运行状态，或者篡改运行记录，对变电站监控系统安全运行造成重大隐患。

第三节　漏　洞　扫　描

漏洞扫描指基于漏洞数据库或漏洞原理，通过扫描、发送模拟攻击报文等方式对指定的远程或本地系统进行的一种安全脆弱性检测，不同于入侵检测、病毒检测等被动安全检测技术。漏洞扫描是用于系统安全性的主动检测手段，通过漏洞扫描可以发现系统可利用的漏洞或潜在的安全风险，有助于客观评估网络风险等级并及时修补系统安全脆弱性，从而提高整个系统的安全性，有效避免攻击行为，防患于未然。

一、扫描技术

漏洞扫描可探测变电站监控系统主机设备、网络设备、安防设备、IED设备存在的系统漏洞和安全隐患。漏洞扫描技术根据其实现原理主要分为Ping扫射（ping sweep）、端口扫描（port scan）、操作系统探测（operating system identification）、漏洞扫描（vulnerability scan）、探测访问控制规则（firewalking），每种技术实现的原理和目标均不相同。

（一）Ping扫射

Ping扫射工作在互联网络层，用于确认目标主机的TCP/IP网络是否连通，系统是否处于活动状态，一般用于漏洞扫描的第一步。常见的有简单ICMP响应扫描、ICMP ECH0扫描、NON-ECH0 ICMP扫描等。

（二）端口扫描

端口扫描工作在传输层，用于确认目标主机所开放的端口，一般在Ping扫射之后进行。常见的有TCP SYN扫描、TCP全连接扫描、TCP隐蔽扫描、UDP ICMP端口不可达扫描等。

（三）操作系统探测

操作系统探测工作在互联网络层、传输层、应用层，用于识别目标主机运行的操作系统，目前还增加了识别提供服务的程序的信息，如WEB中间件信息，一般会基于端口扫描的结果进行。常见的有二进制信息探测、HTTP响应分析、系统指纹信息分析等。

（四）漏洞扫描

漏洞扫描工作在网络层、传输层、应用层，用于识别目标系统存在的安全漏洞和安全缺陷，一般基于端口扫描和操作系统探测的结果进行。常用的漏洞扫描技术包含基于漏洞版本数据库扫描技术和基于漏洞原理扫描技术，其中基于漏洞版本数据库扫描技术由程序基于漏洞版本数据库及版本匹配模式自动进行扫描工作，其准确性和及时性取决于漏洞版本数据的更新频率和覆盖面；基于漏洞原理扫描技术由程序基于根据漏洞原理构造对应的探测包，根据目标系统的返回信息确认是否存在相应漏洞，其要求探测包对目标系统无损，相比基于漏洞版本数据库的扫描技术更精确也更具针对性。

（五）探测访问控制规则

探测访问控制规则工作在传输层，用于探测目标网络中的防火墙打开或允许通过的端口，ACL策略，甚至是防火墙背后的路由器，一般用于漏洞扫描后的进一步入侵。

二、工作流程

漏洞扫描的流程一般包括目标选择和信息收集、漏洞检测和分析、漏洞利用和验证、结果报告和漏洞修复等几个步骤。具体流程如下：

（一）目标选择和信息收集

首先需要确定扫描的目标，这可以是单个主机、整个网络、应用程序或者网站等。然后需要进行信息收集，了解目标系统的操作系统、开放端口、运行服务、应用程序等信息，这有助于确定漏洞扫描的方向和策略。

（二）漏洞检测和分析

在收集了足够的信息后，需要对目标系统进行漏洞检测和分析。这一步需要使用漏洞扫描器来对目标系统进行扫描，寻找系统中存在的漏洞。漏洞扫描器可以根据预定义的漏洞库或者自定义的规则来进行扫描，扫描的结果一般包括漏洞的类型、等级、影响范围、修复建议等信息。

（三）漏洞利用和验证

漏洞扫描不仅需要发现漏洞，还需要对漏洞进行验证和利用。漏洞验证指通过模拟攻击行为来检测漏洞的真实性和可利用性，而漏洞利用则指通过利用漏洞来实现攻击目的，如获取系统权限、窃取敏感信息等。

（四）结果报告和漏洞修复

最后需要对漏洞扫描的结果进行分析和整理，生成漏洞扫描报告。漏洞扫描报告应该包括漏洞的类型、等级、影响范围、修复建议等信息，以便管理员及时进行漏洞修复。漏洞修复指对漏洞进行修复或者安全加固，以提高系统的安全性和防御能力。

三、基本原则

在进行漏洞扫描时，应遵循以下几点原则：

（一）合法授权

进行漏洞扫描时，需要保证行为的合法性和授权性。如果未经授权擅自对他人系统进行扫描和攻击，将涉及法律问题和道德问题。

（二）安全稳定

漏洞扫描过程中可能会对目标系统产生一定的安全风险和稳定性问题。需要在扫描前进行备份和风险评估，并在扫描过程中及时发现和解决安全问题和稳定性问题。

（三）精确可靠

漏洞扫描结果的精确性和可靠性对于漏洞修复和防御策略的制定非常

重要。需要选择合适的漏洞扫描工具和漏洞库，并对扫描结果进行多次验证和交叉比对，以保证结果的精确性和可靠性。

第四节　通用漏洞扫描工具

通用漏洞扫描工具是用于漏洞扫描的专用软件，可以帮助安全人员快速、准确地检测目标系统中存在的漏洞。扫描工具一般会附带一个用于识别主机漏洞的特征库，并定期进行更新。在扫描时，利用漏洞检测引擎调用各类工具与目标设备进行通信以获取各类服务信息，再通过特征库里的脚本与目标系统的反馈信息进行匹配，如果能够匹配上，就说明该目标可能存在某一个漏洞。

漏洞扫描工具在识别漏洞的过程中，会向目标发送大量的数据包，而这一网络行为常常会导致目标系统拒绝服务或被扫描数据包阻塞，同时这一行为也可以被目标的入侵检测设备发现。因此，在渗透测试工作时，一定要在授权的情况下进行，同时在使用扫描工具进行扫描时一定要注意规避风险，尽量将其系统运行可能造成的影响降到最低。

漏洞扫描工具扫描出的结果通常会有很多误报（报告发现的漏洞实际并不存在）或者漏报（未报告发现漏洞但漏洞实际存在）。因此，需要对扫描结果进行人工分析，确定哪些漏是实际存在的，这个过程就是漏洞验证。对于渗透方来说，漏洞验证是渗透测试过程中最不可缺少的一步，只有真正验证漏洞存在的真实性，才能对漏洞进行深度利用；而对于防护方来说，漏洞验证是目标加固的基础依据。

目前市面上有许多优秀的漏洞扫描工具，其中比较知名的包括以下几种。

一、网络映射器

网络映射器（network mapper，Nmap）是一款开源的端口扫描工具，可以用来检测目标系统的开放端口和运行服务。Nmap 还提供了一些高级功能，如操作系统识别、服务版本识别等，有助于进行漏洞扫描和渗透测试。

二、Nessus

Nessus 是一款商业漏洞扫描器，可以对目标系统进行全面的漏洞扫描和分析。Nessus 拥有强大的漏洞库和插件系统，可以根据不同的漏洞类型和攻击场景进行扫描和分析。

三、开放式漏洞评估系统

开放式漏洞评估系统（open vulnerability assessment system，OpenVAS）是一款开源漏洞扫描器，可以对目标系统进行漏洞扫描和分析。OpenVAS 的漏洞库和插件系统与 Nessus 类似，可以根据不同的漏洞类型和攻击场景进行扫描和分析。

四、Metasploit

Metasploit 是一款开源的渗透测试工具，除了集成了大量的漏洞利用模块外，还提供了一些高级功能，如漏洞验证、漏洞复现、后渗透测试等。

五、Burp Suite

BurpSuite 是一款商业 WEB 应用程序渗透测试工具，除了提供强大的代理和拦截功能外，还集成了漏洞扫描、漏洞利用和漏洞验证等模块，是 WEB 应用程序渗透测试中的必备工具之一。

六、Acunetix

Acunetix 是一款商业 WEB 应用程序漏洞扫描器，可以检测目标网站中存在的各种漏洞，包括 SQL 注入、XSS 攻击、文件包含、文件上传等常见漏洞。Acunetix 还提供了一些高级功能，如 DOM XSS 扫描、漏洞验证等。

第五节　专用漏洞扫描装置

在电力监控系统中，常见的专用漏洞扫描装置按照形态不同，可以分为便携式漏洞扫描装置和在线式漏洞扫描装置两种。

一、便携式漏洞扫描装置

便携式漏洞扫描装置指形态为便携式笔记本的漏洞扫描装置，硬件形态通常为工控笔记本，具备通用笔记本的网口、USB 口，设备如图 7-3 所示。

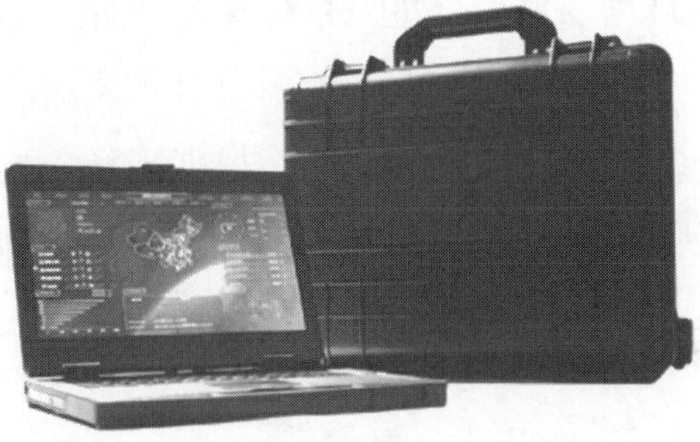

图 7-3　便携式漏洞扫描装置

（一）功能介绍

漏洞扫描装置由资产盘点、安全检测、漏洞验证、高危漏洞专项检测等模块组成，功能如下：

（1）资产盘点：漏洞扫描装置通过下发资产盘点任务，在现网寻找存活设备，并对其进行资产识别、服务端口识别。

（2）安全检测：漏洞扫描装置支持全面的安全检测，支持包含操作系统、网络设备、数据库、服务器等在内的设备提供全方位安全检测。

（3）漏洞验证：漏洞扫描装置通过漏洞验证可实现漏洞管理闭环管理，对部分高危漏洞提供手工、半自动化、自动化等验证方式。便携式漏洞扫描装置漏洞验证流程如图 7-4 所示。

（4）高危漏洞专项检测：高危漏洞专项检测模块基于安全服务中人工渗透测试的经验，针对行业近两年统计的高危专项漏洞进行特定的漏洞检测。

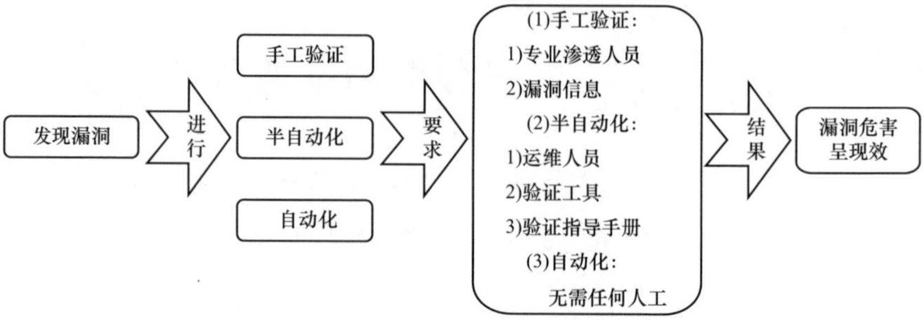

图 7-4 便携式漏洞扫描装置漏洞验证流程

（二）使用方式

便携式漏洞扫描装置正常开机后，访问 WEB 管理页面（默认为 192.168.0.1），输入账号、密码，进入系统管理-网络设备模块，修改设备 IP 确保漏洞扫描装置与目标设备正常通信，并在便携式漏洞扫描装置上 Ping 目标设备/目标网段，确认网络可达无阻断。根据现场需要下发对应的资产盘点任务/安全检测任务，在任务执行完毕后，选择对应目标生成检测报告。

二、在线式漏洞扫描装置

在线式漏洞扫描装置，主要部署于变电站的Ⅰ区、Ⅱ区，用于未知风险的探测、发现及远程运维和评估，通过部署在变电站的装置结合主站的漏洞管理系统，能够实现自动化的资产探测和验证、漏洞管控、基线核查、一键安全评估等功能。在线式漏洞扫描装置部署如图 7-5 所示。

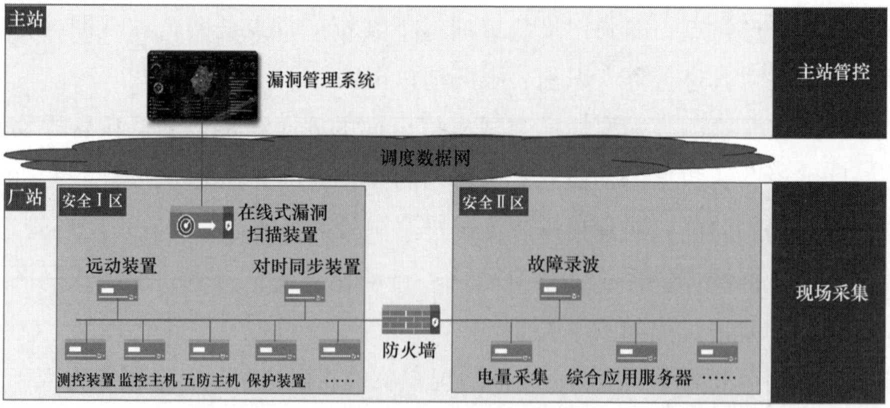

图 7-5 在线式漏洞扫描装置部署图

在线式漏洞扫描装置正面如图 7-6 所示，配置 4 个千兆电口、4 个千兆光口、2 个万兆光口、1 个 CON 口、1 个管理口、2 个 USB 口。在正常上线后，设备的其中三个网口分别接入站控层、调度数据网、防火墙流量镜像。其中接入站控层主要是用来进行资产盘点、漏洞检测等功能；接入调度数据网主要是用来与电力监控系统网络安全智能运维管控平台通信；接入防火墙流量镜像主要是用来分析Ⅰ/Ⅱ区流量情况，协助进行防火墙规则自收敛等功能。

图 7-6　在线式漏洞扫描装置正面图

漏洞管理系统通过调度数据网对在线式漏洞扫描装置进行管控，下发资产盘点、漏洞检测等检测任务，并通过国密加密算法对检测结果进行加密并上传至主站平台。通过在主站平台上对各个变电站资产、脆弱性、边界规则等多维度的分析，综合形成对变电站的整体安全评估。

同时，在线漏洞扫描装置支持主站平台远程对防火墙配置情况、策略情况、策略顺序进行检查，并支持用户远程对防火墙的各类配置进行修改。对于部分特殊资产，如由于实际业务需要无法关闭的高危服务、高危端口，由于特殊原因无法修复的漏洞，在线式漏洞检测装置支持向边界防火墙发下安全策略，对 IP 端口进行封禁，确保网络空间安全可控。

第六节　漏 洞 闭 环 处 置

根据《信息安全技术 网络安全漏洞管理规范》（GB/T 30276—2020）等规范要求，各运行管理单位应按照“谁主管谁负责，谁运营谁负责”的原则，将漏洞管理纳入日常网络安全管理，落实分级负责的安全责任制和各项管理规定。管理单位负责人应根据电力监控系统安全现状，定期组织各项安全治理工作，组织常态化漏洞闭环管理工作。

首先通过全自动的手段对变电站资产进行一个细化的资产盘点，从而发现变电站内有多少需要进行风险管控的资产。其次针对各类变电站的资产进行系统的端口扫描，能够识别其业务所需要开放的端口，利用该信息实现最小权限访问控制。接着对变电站资产进行安全检测，发现各类资产的系统软件、中间件、数据库、操作系统、配置等漏洞，并对相关漏洞进行自动化验证，确保漏洞信息准确。最后基于漏洞信息给出相对应的解决方案，并通过通报流程下达给各资产责任人以及支撑单位，形成一套完善的网络安全风险闭环管控机制；根据各变电站的资产漏洞情况进行网络安全风险状态评估，实现变电站本体安全风险的全流程管控。

变电站监控系统的漏洞管理流程包括漏洞收集、漏洞验证、漏洞预警发布、漏洞实例排查与处置四个环节。

一、漏洞收集

漏洞收集主要包括网络产品供应商发布的漏洞、互联网上发布的漏洞及通过渗透扫描、等保测评、产品抽检等发现内部漏洞。收集或上报的漏洞信息应至少包括漏洞影响的系统或设备名称、厂商、型号、版本，以及漏洞利用方法、危害后果等，其中外部漏洞还应包括漏洞补丁等修复措施和漏洞来源。主要分为以下四类：

（一）权威信息收集

跟踪和收集国家信息安全测评中心、国家互联网应急中心、国家网络与信息安全信息通报中心等专业机构发布的外部漏洞信息。

（二）漏洞常态收集

各单位应根据本单位软硬件产品实际使用情况，跟踪收集社会发布或供应商报送的公开漏洞信息，可能对电力监控系统造成风险的漏洞应及时处置并同步将漏洞信息报送相应运行管理部门和归口管理部门。

（三）漏洞挖掘

各单位通过漏洞挖掘等方式积极发现在用软硬件产品中存在的零日漏

洞，发现的零日漏洞应及时报送相应运行管理部门和归口管理部门。

（四）在运产品检测

各级检测机构检测在运软硬件产品发现零日漏洞时，应及时报送相应运行管理部门和归口管理部门。

二、漏洞验证

漏洞验证是对漏洞真实性、危害性进行验证，研发修复补丁并对补丁加固方案进行测试。

（一）漏洞确认与定级

运行管理部门网安管理处室应会同系统管理处室组织对内部漏洞的利用方法、危害后果等进行验证，确定漏洞技术等级，提出漏洞修复建议。

（二）补丁修复措施

运行管理部门系统管理处室应组织供应商确定漏洞影响范围，制定漏洞修复措施并进行评审。针对超危、高危、中危、低危漏洞，建议供应商分别在3日、7日、10日、15日内完成漏洞修复措施制定和评审。

（三）补丁研发

漏洞修复措施审核通过后，针对超危、高危、中危、低危漏洞，建议供应商分别在5日、10日、15日、20日内完成漏洞修复补丁开发。

（四）漏洞补丁验证

运行管理部门系统管理处室会同网安管理处室组织对漏洞补丁等修复措施的有效性和业务兼容性进行验证。超危、高危内部漏洞的修复补丁必要时应通过国家认可检测机构的第三方测试。

（五）漏洞收录

漏洞补丁验证通过后由运行管理部门收录至电力监控系统漏洞库。

三、漏洞预警发布

运行管理部门审核后对内发布漏洞风险预警。各运行单位密切关注电力监控系统漏洞预警发布平台，并自行开展漏洞预警和漏洞实例处置工作。

漏洞预警发布的流程如下：

（一）预警建议

运行管理部门根据专业机构的预警建议，组织审核通过后向有关单位发布预警。

（二）预警通知单

漏洞预警应通过预警单发布，内容包括预警等级、漏洞情况、影响对象、排查方法、修复措施和行动要求等要素。

（三）预警等级

运行管理部门综合漏洞利用难度、影响面和危害后果，确定漏洞预警等级。预警等级按照重要程度分为紧急、重要、一般三个等级。

（四）处置跟踪

有关单位应根据预警单要求，及时向运行管理部门报送关联漏洞实例排查和修复情况。

（五）各单位预警

各单位个性化漏洞由本单位发布内部预警。

四、漏洞实例排查与处置

各运行单位应根据发布的漏洞预警单要求，组织开展在运系统的预警漏洞专项排查，按照漏洞实例等级在规定时间内采取漏洞修补或访问控制等辅助防范措施进行修复处置。各运行管理部门建立漏洞实例库，发现的漏洞实例进行闭环管理。相关供应商应积极配合开展漏洞实例修复工作。漏洞处置时应科学制定修复实施方案，明确应急回退措施，避免影响业务运行。

各运行管理部门在漏洞收集与处置、漏洞实例发现与处置等过程中应与相关人员等签订保密协议，严禁违规泄露漏洞或漏洞实例有关信息；在采购产品、服务时应通过合同条款约束供应商漏洞保密义务。对违反上述保密要求的企业或个人予以问责或处罚，违反法律法规的行为上报政府相关部门追究法律责任。

第八章
变电站监控系统恶意代码监测管理

近年来，恶意代码攻击事件频繁发生，受攻击的目标系统被破坏、信息被窃取，损失巨大。电力监控系统作为关键信息基础设施，也面临着恶意代码攻击风险，应部署恶意代码防范系统，防止恶意代码侵害，避免电力监控系统功能异常或瘫痪。

第一节 基 本 概 念

恶意代码（malware）指在未授权的情况下，以破坏软硬件设备、窃取用户信息、扰乱用户心理、干扰用户正常使用为目的而编制的软件或恶意代码片段。恶意代码的种类多样，常见的有计算机病毒（virus）、蠕虫（worm）、木马程序（trojan horse）、后门程序（backdoor）、逻辑炸弹（logic bomb）等。这些恶意软件以各种形式存在，它们可以通过电子邮件附件、可疑的下载链接、恶意广告或社交媒体的欺诈信息等方式进行传播。

一、恶意代码分类

常见的恶意代码包括病毒、蠕虫、特洛伊木马、间谍软件、广告软件和 Rootkit 等。意代码类型及典型实例见表 8-1。

表 8-1　　恶意代码类型及典型实例

恶意代码类型	定义特征	典型实例
病毒	感染宿主文件，自动复制，需要借助宿主文件	CIH
蠕虫	不感染文件，主要通过网络传播，可以独立存在	Morris、Code Red、SQL Slammer
木马	越过安全机制，为黑客提供进入、控制的通道	冰河、灰鸽子
用户级 Rootkit	替换或者修改应用层文件	LRK 系列、Universal Rootkit、FakeGINA
内核级 Rootkit	修改或者替换系统内核	Adore、Suckit
其他		宏病毒等

（一）病毒

病毒是一种可以自我复制的恶意代码，它能够感染系统或文件，从而感染到整个计算机。病毒可以通过植入到其他程序中或通过电子邮件、社交媒体和其他网络服务进行传播。一旦感染了计算机系统，病毒就会执行恶意行为，如删除或损坏文件，窃取信息或使系统变慢等。

（二）木马

木马是一种表面看起来很有用但实际上是恶意的程序。木马可以伪装成合法的软件，例如一个附带着有用功能的游戏或工具，但它实际上是一个用于控制计算机的程序。一旦安装了木马，黑客就可以通过远程控制计算机来盗取敏感信息、窃取密码、监视用户活动和控制计算机等。

（三）蠕虫

蠕虫是一种能够自行复制和传播的恶意代码。蠕虫通过利用系统漏洞，通过网络传播，感染更多的计算机系统。一旦感染了计算机系统，蠕虫可以执行一系列恶意行为，例如占用计算机资源、窃取敏感信息、传播垃圾邮件等。

（四）间谍软件

间谍软件是一种可以在计算机上悄悄运行的程序，它可以监视用户活动、记录键盘输入、窃取浏览历史、密码、信用卡号码等敏感信息和屏幕截图等，并将这些信息发送给黑客或广告商等第三方。间谍软件通常会伪装成有用的工具或服务，例如防病毒软件或电子邮件客户端。间谍软件通常通过电子邮件、恶意网站或文件共享网络等途径传播。

（五）广告软件

广告软件指一种会在计算机上显示广告，而不管用户是否想要看到它们的软件。这些广告可以出现在计算机屏幕的任何位置，包括桌面、浏览器和其他应用程序。广告软件通常通过捆绑在其他软件或下载的内容中进行传播，而用户可能无意中安装了它们。

（六）Rootkit

Rootkit 是一种恶意软件，它的目的是隐藏其自身存在和活动，使其难以检测和清除。Rootkit 通常会对操作系统进行修改，以隐藏其自身和其他恶意软件的存在。它们可以通过各种方式传播，例如电子邮件附件、恶意网站或社交媒体链接等。由于 Rootkit 非常难以检测和清除，因此通常需要专业的安全软件和技能才能清除它们。

二、恶意代码攻击机制

恶意代码的行为表现各异，破坏程度千差万别，但基本作用机制大体相同，其整个作用过程分为5个阶段。

（1）侵入系统：侵入系统是恶意代码实现其恶意目的的必要条件。恶意代码入侵的途径很多，如：从互联网下载的程序本身就可能含有恶意代码；接收已经感染恶意代码的电子邮件；从光盘或U盘往系统上安装软件；黑客或者攻击者故意将恶意代码植入系统等。

（2）维持或提升现有特权：恶意代码的传播与破坏必须盗用用户或者进程的合法权限才能完成。

（3）隐蔽策略：为了不让系统发现恶意代码已经侵入系统，恶意代码可能会改名、删除源文件或者修改系统的安全策略来隐藏自己。

（4）潜伏：恶意代码侵入系统后，等待一定的条件，并具有足够的权限时，就发作并进行破坏活动。

（5）破坏：恶意代码的本质具有破坏性，其目的是造成信息丢失，泄密，破坏系统完整性等。

三、恶意代码防范和查杀

应按照“以防为主、以杀为辅、软硬互补、标本兼治”的原则，构建恶意代码防范和查杀体系。

（一）恶意代码防范

规范作业行为，严格设备安全准入等相关管理要求，以及前述安全加固的各项措施，如关闭设备的空闲端口和无关服务、禁止非专用移动介质、策略最小化配置等，均可在一定程度上防范恶意代码的引入，提高系统抵御恶意代码的能力。

规范配置的安全防护设备如物理隔离装置、加密认证装置、防火墙等，可以有效地阻断恶意代码的传播路径，减小恶意代码的影响范围。

（二）恶意代码查杀

恶意代码查杀是使用恶意代码查杀软件对磁盘或内存进行安全扫描，发现恶意程序并将其进行删除或隔离。查杀软件通过检测恶意代码的行为特征，既可以识别已知的恶意代码，也可以检测未知的、变种的恶意代码。另外，还可以使用反恶意代码的分析技术，如“反向工程”和“反汇编”，以便更加深入地探究和分析恶意代码痕迹。

恶意代码查杀主要包括以下功能：

（1）内容过滤——可以通过检测文件的特征，对危险文件进行识别和防御。

（2）行为监视——通过监视应用程序的行为，对恶意行为作出反应。

（3）行为阻断——当检测到恶意行为时，可以阻止其进行下去。

（4）病毒查杀——可以查杀已知的病毒和木马。

（5）威胁情报收集和分析——通过数据分析获取对应威胁的情报。

（6）安全策略和报告——可以自动分析系统中的安全漏洞，并生成相应的报告。

恶意代码防范和查杀是长期的、系统的工作，需要管理机制和技术措施有机结合，才能有效地防止乃至杜绝恶意代码。管理上，需要从软硬件的供应链、入网检测、日常运维等生命周期的各环节，检修运维人员作业合规性教育等方面，形成完善的制度保障体系；技术上，恶意代码防范和查杀最有力的工具就是恶意代码监测系统。

四、恶意代码攻击工控系统案例介绍

（一）伊朗核电站恶意软件攻击（2010年）

该攻击被称为“圣迭戈之计”，攻击者使用了一种名为Stuxnet的恶意软件，在伊朗的核电站中引发设备故障。Stuxnet病毒是一种专门针对伊朗核设施的恶意代码，其目的是摧毁伊朗的离心式浓缩铀设施。Stuxnet病毒通过感染Windows操作系统和西门子PLC控制器，操纵离心机的转速和降低浓缩铀的质量。Stuxnet病毒的攻击方式和攻击目标的特殊性质使得其成了工业控制系统安全的经典案例。

（二）德国钢铁厂被入侵（2014 年）

攻击者使用了一种名为 Havex 的恶意软件，成功入侵德国一家钢铁厂的工控系统。攻击者利用恶意软件来控制设备，并窃取关键信息。

（三）斯托克韦尔发电厂恶意软件攻击（2015 年）

攻击者通过发送针对工控系统的恶意软件给发电厂的 IT 系统，最终导致了发电机组的关闭。攻击者使用了一种名为 BlackEnergy 的恶意软件，该软件被用于控制从发电机组到 IT 系统的所有系统。

（四）乌克兰电网攻击（2015 年）

2015 年 12 月 23 日，乌克兰的一家电力公司遭受了一次有组织的网络攻击，导致超过 22 万的家庭和企业失去了电力供应。该攻击针对乌克兰电网进行，攻击者使用了 BlackEnergy 恶意软件进行攻击，并在攻击期间使用了一些其他工具和技术，包括破解密码和删除日志文件。

（五）萨达姆·侯赛因水坝攻击（2016 年）

攻击者试图破坏伊拉克的萨达姆·侯赛因水坝。攻击者使用了一种名为 SQLMap 的工具来发现数据库漏洞，并使用这些漏洞来获取控制水坝所需的访问权限。

（六）乌克兰百货公司恶意软件攻击（2017 年）

该攻击针对乌克兰的 M. E. Doc 软件公司进行，导致了该公司的软件中存在恶意代码。攻击者使用这些恶意软件，通过网络在 Ukraine 电网中引入了 Petya 勒索软件，导致了大规模的网络故障和数据丢失。

（七）美国工厂电网被入侵（2019 年）

美国国家网络安全与通信整合中心（NCCIC）发布警告，称美国一家工厂的电网被入侵。攻击者使用了一种名为 Trickbot 的恶意软件，在网络中广泛传播，以窃取用户凭据。

第二节 恶意代码监测系统

恶意代码监测系统用于发现或阻止恶意代码的传播以及对主机操作系

统、应用软件和用户文件的篡改、窃取和破坏等的系统。系统以服务端/客户端模式运行，满足病毒防护、网络安全、漏洞防护、安全审计等相关需求。依托恶意代码监测系统，可对各种恶意代码、特种病毒、木马威胁等进行实时的监测、告警和清除，并利用日志审阅功能实现恶意代码从发现到处理的可见性。

一、恶意代码监测系统架构

根据《电力监控系统恶意代码监测系统技术规范》（Q/GDW 12195—2021）的要求，恶意代码监测系统采用国分、省地多级部署，纵向上实现多级调控主站之间的数据转发和汇总分析，横向上与网络安全管理平台互联互通，将相应的安全事件发送至网络安全管理平台，实现安全态势集中监视、区域安全统一管控，恶意代码监测系统架构示意图如图 8-1 所示。

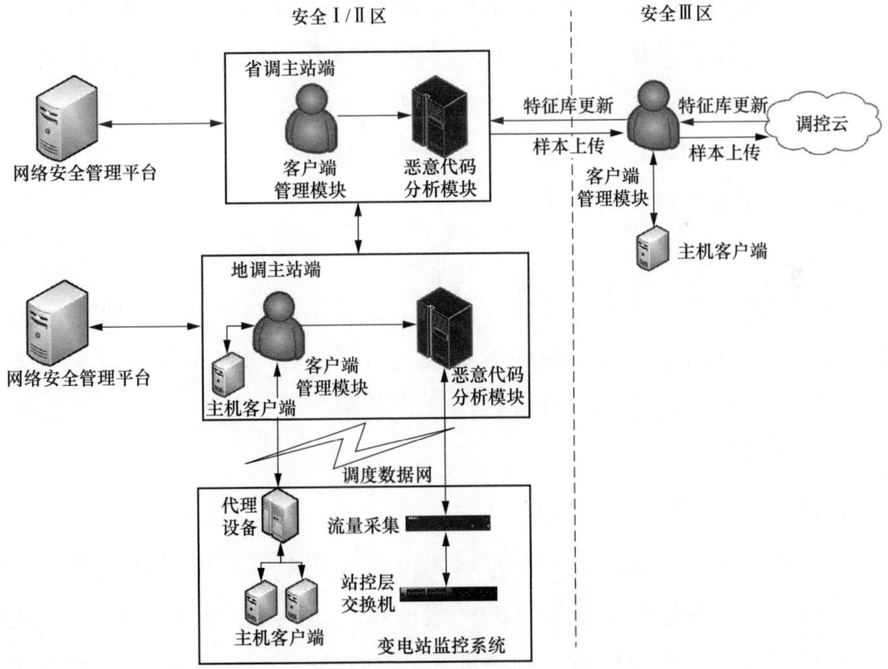

图 8-1　恶意代码监测系统架构示意图

如图 8-1 所示，恶意代码监测系统一般由主站部分和终端采集设备组成。其中主站部分由防恶意代码客户端管理模块（以下简称“客户端管理模块”）和恶意代码分析模块（以下简称“分析模块”）组成，变电站端由客户端代理、防恶意代码客户端（以下简称“客户端”）和网络流量恶意代码监测采集设备（以下简称“流量采集”）组成。

（一）客户端

客户端部署在主机上，以系统服务的方式随操作系统启动运行，能够根据用户需求对主机系统内核、程序、文件等多点进行监测，识别病毒、木马、蠕虫等恶意代码的行为并准确分类，并具有实时防护功能，主动阻止恶意代码的访问、传输和运行，可以按需配置扫描进程对主机资源占用率，并向客户端管理模块上报监测结果。

（二）客户端管理模块

客户端管理模块统一设置扫描策略（扫描范围、扫描计划、扫描方式等）和处置策略（隔离、删除、信任、还原等），以多级管理和分组管理的方式分发至下级管理模块或客户端，实现下级管理模块和本级客户端的实时监控、集中配置、策略下发、版本升级及特征库更新等，扫描结果能够由下级管理模块和客户端回传至本级管理模块，本级管理模块统计、汇总监测结果，并报送给分析模块。

（三）客户端代理

因为与主站网络不直接可达，变电站监控系统的设备无法通过主站管理模块进行直接管理，通过新增设备或现有设备代理实现客户端管理模块功能，作为对应主站的下一级管理模块进行部署，并纳入恶意代码监测体系进行综合分析和管理。

（四）流量采集

流量采集装置具备通用网络协议和电力监控系统专用协议的网络数据包解析功能，实时解析旁路采集的网络流量，对其中的恶意代码载体文件与已知恶意代码文件特征进行静态匹配，对未知恶意代码通信行为特征进行动态分析，同时定位攻击源及失陷主机、设备，留存恶意代码攻击证据，将相关日志、网络流量和分析结果上送至分析模块，并从分析模块在线获取特征库，接受分析模块的管理。

（五）分析模块

恶意代码分析模块是监测系统的核心，综合分析主机客户端以及流量采集装置的告警事件，通过时间序列、实体间关系等手段进行恶意代码事件关联分析，实现已知和未知恶意代码的监测分析，定位攻击源头，快速定位受害区域，对恶意代码进行溯源分析，及时发现并生成恶意代码攻击安全事件。

依据攻击事件统计数据，分析恶意代码感染范围、危险等级，展示恶意代码攻击事件的分布情况、关联和处置优先级，便于安全维护人员采取针对性的防御手段。分析模块能够全景还原攻击事件，实现多维度、细粒度的审计功能。

二、典型部署

恶意代码监测系统分别从主站端和变电站站端两部分来介绍。

（一）主站端

主站端一般在安全Ⅰ区、安全Ⅱ区、安全Ⅲ区各部署一套客户端管理模块，实现不同安全分区客户端的独立管理。服务器、工作站等主机设备部署客户端软件，并接受客户端管理模块的统一管控。

在安全Ⅱ区部署一套分析模块，负责收集生产控制大区客户端管理模块、流量采集装置产生的事件、告警、日志等信息。

安全Ⅲ区可部署客户端管理模块，完成安全Ⅲ区客户端的信息采集和管理，同时具备恶意代码特征库的转发功能。

（二）变电站端

1. 客户端代理

在变电站业务主机、网关机、故障录波等主机部署客户端软件。在站内其他设备上部署通信代理程序实现客户端管理模块的代理功能，完成对站内Ⅰ/Ⅱ区客户端软件统一管理，并接受主站端客户端管理模块的管控。变电站恶意代码客户端部署模式示意图如图 8-2 所示（TLS 为传输层安全协议)。

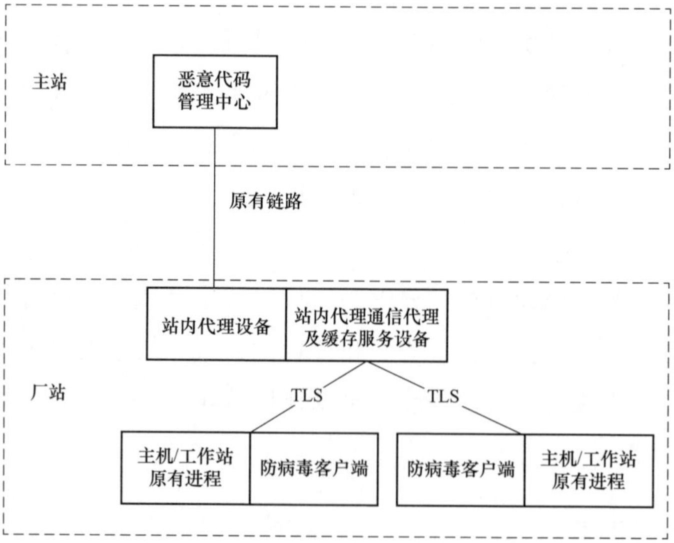

图 8-2　变电站恶意代码客户端部署模式示意图

客户端代理信息交互过程简述如下：

(1) 通信代理程序以守护进程方式运行，以类似透明代理的方式串接在变电站客户端与主站管理模块之间，开放与主站管理模块相同的服务端口。

(2) 通信代理程序定时从主站客户端管理模块获取版本信息，缓存升级文件，支持在线升级，并把策略/任务/日志类的业务请求，转发至相应客户端。

(3) 通信代理程序响应客户端请求并转发。针对升级请求，先判断在本地是否存在，如果不存在从主站管理模块下载，如果存在则直接转发。

(4) 限制与主站恶意代码管理模块的带宽占用，防止过高的带宽影响原有业务。

2. 流量采集设备

部署在Ⅱ区，采集变电站监控系统站控层网络数据流量，接受主站端分析模块的统一管控，实现变电站监控系统全方位的恶意代码流量分析和检测。

三、恶意代码监测系统的主要功能

恶意代码监测系统通过采集客户端的运行信息，对监控设备的运行状态进行分析，结合多维度安全事件对资产安全进行评估，帮助用户了解资产的健康状态和潜在风险，发现威胁可对客户端进行恶意代码查杀。

（一）全面直观掌握系统安全状况

管理员能够实时查看到每个客户端的扫描状态、实时监控状态、版本信息、感染病毒情况等信息，并实时跟踪到每一个客户端的防毒状况，以便做出应对措施。

（二）全网查杀恶意代码

能够随时对客户端执行统一查杀，最大限度地减小了恶意代码传播的可能。管理员也可使用管理控制台对单个或多个客户端进行恶意代码查杀。

（三）未知终端检测

具备未知威胁计算机的监测发现功能，未知威胁计算机支持自动入组配置，可以配置好自动入组条件，减少入组管理成本。

（四）病毒与安全事件报警

管理中心记录整个内网环境中任意终端上发现的病毒信息和异常事件，方便管理员能及时发现染毒的客户端和系统运行的异常，并做出及时反应。

（五）丰富的病毒日志统计与分析功能

能够统计染毒终端最新记录、病毒最新记录、病毒趋势等诸多日志分析数据和图表，便于管理员直观地掌握企业内部病毒感染情况和发作趋势。

（六）防毒策略的定制与分发

管理员可通过管理控制台对全网或某个分组设置统一的防毒策略，也可对特定的客户端设置防毒策略，保证防病毒策略地有效实施。

（七）安全合规检查

具备安全合规检查功能，如果检测到终端存在非法外联行为，或者客户端存在安全风险会进行告警提示或隔离处置。

（八）U盘防护

移动存储设备是安全风险管理的重点之一，恶意代码通过移动存储设备传播的方式越来越多样化，所以恶意代码管理系统的U盘管控功能，可对USB设备的使用进行审计、禁用等操作，同时对外接设备可进行风险检测，阻止U盘上的程序自动运行并记录日志。

四、特征库更新

新的恶意代码层出不穷，需要相应地进行特征库的更新以实现针对性监测和查杀。特征库更新有离线和在线两种方式。传统更新主要以离线方式为主，即通过专用介质手动进行，该方式时效性较差，更新前缺乏安全校验措施，操作过程也容易带入未知风险。在线方式主要通过特征库验证与分发两个功能实现安全管理，验证功能定期收集特征库，在模拟环境下进行安全性和可用性校验，验证通过后进入分发环节。分发功能对特征库加密后逐级分发至各级管理中心和客户端，根据预设策略完成不同区域不同类型客户端的特征库更新任务。分发功能还可对分发链路状况、分发结果进行监控管理。

第三节　客户端基本功能

防恶意代码客户端部署于被防护主机等设备，接受恶意代码客户端管理模块的管理，并执行恶意代码监测、处置和管理等任务。具体来说，客户端监测功能主要针对主机系统内核、文件、网络等多点进行监测，识别病毒、木马、蠕虫等恶意代码的行为并准确分类，一般有快速、全盘、自定义等扫描方式，扫描出恶意代码，通过声、光、弹窗等告警进行提醒。客户端处置功能支持对恶意代码进行清除、隔离、信任以及还原等多种处置方式，支持自动与手动模式，处置结果会存储和上报。客户端管理，主要接受防恶意代码客户端管理模块的任务下发、集中配置、恶意代码库更新。一般来说，防恶意代码客户端基本功能包括病毒查杀、文件监控、网络监控、U 盘管控、安全合规检查等。

一、病毒查杀

“病毒查杀”指用户发起的对计算机系统上的磁盘文件进行扫描，并对扫描出的木马病毒进行查杀，该项目包括“自定义查杀”“快速查杀”“全盘查杀”等功能模块。新部署客户端的设备需进行一次全盘查杀，站内出现异常情况（如违规外联、不合规访问等）需开展全盘查杀。正常情况下，查杀工作可以结合日常巡视、检修等工作同时开展，但至少应确保关键目录一月一次的查杀频率。考虑业务的持续性，查杀出的病毒建议先隔离，经分析不影响系统运行后再删除。

二、文件监控

文件监控模块实现对系统相关的文件操作进行监控，提供的功能包括文件保护、文件监测和实时查毒。

三、网络监控

网络监控可以对本系统正在运行的进程或可执行程序对网络的访问进行监控，可根据设置控制程序或进程对网络数据访问并记录日志。其提供的功能有网络控制、网络监测、钓鱼防护、IP 黑名单、IDS/IPS 以及 VPatch。

四、U 盘管控

U 盘管控包括 U 盘存储设备管控和 U 盘接入扫描，其中如果管理员禁止 U 盘设备，用户插入 U 盘存储设备时，U 盘无法使用。如果允许 U 盘接入，管理员可以设置 U 盘接入时进行扫描处理，防止恶意代码入侵系统。该功能只能由管理员进行设置，客户端无法修改设置。

五、安全合规检查

安全合规检查是将触犯安全规范的客户端进行网络隔离，管理客户端的联网功能和防止客户端感染其他主机。待客户端处理完违规项，满足合规检查后，可以解除网络隔离，进行正常的网络访问。管理员可以设定合规检查规则，全面掌握企业内部的网络情况和病毒情况。该功能只能由管理员进行设置，客户端无法修改设置。

综上所述，变电站监控系统以其实时性高、关系电力稳定供应等特点，对业务稳定性要求极高，需要安全管理的同时兼顾系统业务。针对变电站监控系统恶意代码监测功能部署中网络不直接可达、操作系统类型较多、嵌入式装置无法安装的难点，需要一方面要打通网络，另一方面开展不同操作系统与防恶意代码客户端的适配，最后可以引入网络流量监测采集装置对站控层流量进行采集和分析，以弥补未能全覆盖的不足。

第九章
变电站监控系统运维安全管控

运维工作不规范、人员管控不到位、专用调试设备维护不当等会对变电站监控系统网络安全带来不可预估的安全风险，为了避免运维作业可能造成的不利影响，需要不断提升变电站监控系统运维安全管控水平。本章简要阐述了变电站监控系统运维工作的作业风险和管理要求，对专用调试设备（专用调试笔记本和移动介质）的规范管理进行了特别说明，并对安全运维网关进行了介绍。

第一节 运维作业安全要求

电力监控系统在“十六字”方针的指引下，经过多年的建设和完善，建成了较为完善、有效的安全防护体系，尤其是边界防护，现已成为整个防护体系的核心防线。但大量的日常运维工作，直接跨越边界防护对系统进行操作，如果管控不当，带来的网络安全风险会直接影响整个防护体系。

一、运维作业风险

在传统的运维作业中，主要面临以下问题：一是对操作行为缺乏有效的约束手段，运维人员在对监控系统进行运维时，理论上可以直接或间接访问网络上互通的其他设备，工作范围难以界定，且可以执行各种指令，难以在技术上实现范围和权限的最小化，违规、越权操作难以阻止。二是存在运维人员使用自带笔记本电脑及U盘等运维工具直接接入变电站监控系统的情况，容易引起违规外联、误操作、恶意代码、网络攻击等安全风险。三是对操作过程缺乏有效的干预和审计手段，二次运维呈现出“操作快，风险高，监护难”的特点，人工监护很难面面俱到，缺乏预判和干预的技术手段，整个过程难以掌控，事后也难以追溯。这些问题，都极易突破网络安全边界，轻则导致服务异常、设备宕机，导致系统敏感数据被窃取或破坏，重则可能引起一次设备异常，引发电网事故，造成的损失往往无法估量。

二、日常运维基本要求

变电站监控系统运维安全管控，应严格按照要求落实安全防护措施，全面发挥网络安全管理平台、安全运维网关等技术支撑作用，加强主站运行值班员和厂站管理人员、厂家运维人员的联动，从而降低日常运维操作带来的安全风险。

（一）严格遵守安规要求

日常运维工作必须严格按照《国家电网公司电力安全工作规程（电力监控部分）》所规定的组织措施（现场勘察制度、工作票制度、工作终结制度）和安全技术措施（授权、备份、验证）来开展。

（二）严格设备入网把关

变电站监控系统在投运前，应按照安全加固相关要求开展主机设备、网络设备、安防设备的加固工作，开展上线等保测评及安全评估工作，测评合格并经验收通过后方可投入运行，严禁“带病入网”。其他接入调度数据网络的节点、设备和应用系统，其接入技术方案和安全防护措施应事先经过审批，未经审批不得擅自接入。

（三）常态化开展隐患排查

对于已投运变电站，常态化开展各项隐患排查和集中整治工作，定期开展系统体检、排雷瘦身、漏洞扫描、等保测评和安全加固等工作，并及时完成闭环整治工作，全面筑牢网络安全防线。

（四）加强运维人员管理

运维人员应每年参与《国家电网公司电力安全工作规程（电力监控部分）》的培训和考核，考试合格后方可开展运维工作。对厂家技术人员进行身份核实，签订安全保密协议，开展网络安全教育，核查作业资格证书，实施运维作业全过程安全监护，严格控制其工作范围和操作权限。

（五）电力监控系统作业“十禁止”

变电站监控系统现场作业人员应严格遵守《电力监控系统作业“十禁止”》，杜绝变电站监控系统作业现场人为网络安全事件。

（1）禁止未经许可在电力监控系统上开展作业。

（2）禁止未通过电力安全工作规程考试的人员参加现场作业。

（3）禁止在作业过程中使用非专用的调试终端或存储介质，作业过程中严禁将调试终端同时接入外网。

(4) 禁止未经许可关闭、重启安全设备，或绕过边界防护设备将两侧网络直连。

(5) 禁止在设备 USB 接口中插入手机或无线网卡。

(6) 禁止直接通过互联网更新软硬件补丁和安全设备的特征库、规则库。

(7) 禁止在设备上开启空闲硬件端口和高危网络服务。

(8) 禁止在设备和业务系统中设置弱口令。

(9) 禁止在边界防护设备中配置全通策略，或在纵向加密装置中配置明文策略。

(10) 禁止对外泄露电力监控系统网络拓扑、防护方案、漏洞信息和账号密码等敏感信息。

第二节 专用调试设备

运维工作专用调试设备主要指专用调试笔记本和专用移动介质两种。使用单位应指定专人负责专用调试设备资产管理，制定使用管理实施细则，开展应用软件安装及主机加固，规范调试设备使用，定期开展病毒库离线更新工作。禁止使用未经报备的调试设备接入电力监控系统进行作业。

专用调试设备的使用、维修、更新、升级、报废等工作，应满足公司保密相关规定的要求，必须保存完整的工作记录（包括但不限于借用和归还时间、人员、原因等），记录至少保存一年。一旦发现调试设备已感染恶意代码等，应立即将其与外部设备断开连接，报告调控中心，经处理完毕并检测通过后方可继续使用。

一、专用调试笔记本

专用调试笔记本仅可接入生产控制大区网络，不得接入非生产控制大区网络。新购置的笔记本必须经初装、检测合格，逐级报备，方可使用。每年开展安全检测，检测合格方可继续使用。

使用单位在设备初装时，对专用调试笔记本须进行资产设备登记、操作系统及补丁安装、通用软件安装、防病毒程序（瑞星杀毒软件）部署、蓝牙及无线网卡禁用（驱动卸载）工作。初装软件和应用软件安装后应关闭自动更新和访问功能，防病毒软件和操作系统应采用离线手动升级方式，严禁接入变电站监控系统时开启自动访问连接功能。初装完成后开展安全加固，关闭不需要的服务和端口，经安全检测合格、上级备案后方可投入使用。

二、专用移动介质

涉及 Windows 操作系统，必须使用国网统一的安全 U 盘（专用）的交换区进行作业。在接入变电站监控系统设备之前，必须通过专用调试笔记本杀毒软件进行检测，确保不携带病毒、木马等恶意程序。

涉及 Linux \ Unix 等不识别国网统一安全 U 盘的系统，应配备专用 U 盘，专用移动介质应选用典型生产厂家的设备。专用 U 盘一次一格，使用前后必须格式化，在接入生产控制大区主站设备之前，必须经专用笔记本杀毒软件检测确保不携带病毒、木马等恶意程序。该专用 U 盘仅可用于生产控制大区设备之间或生产控制大区设备与专用笔记本之间的数据转移。

第三节 安全运维网关

针对变电站监控系统现场运维过程中存在的网络安全风险，需要对运维作业进行全要素管控。变电站安全运维网关作为运维审计管控的一种技术手段，已逐步在现场运维作业中推广应用，明显提升了变电站现场调试、运维、检修等全过程的安全风险管控能力。

安全运维网关是一种运维安全边界设备，串接在专用调试设备与被运维对象之间，将工作班成员、运维工具等外部要素与被运维对象等内部要素进行隔离。通过接入管控、过程管控和记录审计，实现变电站监控系统运维工作事前有防范、事中有监督、事后有审计的目标。运维过程中产生的违规外联、高风险指令、恶意代码等告警信息可上送至第三方审计日志管理平台进行综合审计。

一、工作模式

运维工作开始前，根据被运维对象接口类型，采用不同的线缆（网线、RS232 串口线、USB 线、HDMI 视频线）将安全运维网关串接在专用调试设备与被运维对象之间。通过账号口令、生物特征等方式在便携式运维网关上完成工作负责人的身份认证，通过 USB Key 方式完成运维终端的设备认证，并利用内置杀毒引擎对接入运维终端进行病毒查杀，确保接入设备不存在恶意代码等风险。

运维工作过程中，安全运维网关对通信报文进行实时解析，对可能存在的风险行为进行管控，只允许授权工单许可的 IP、端口、协议等正常业务通过，一旦检测发现违规外联、攻击行为、恶意代码等，立即断开链接并告警；发生 FTP、TELNET 等高风险敏感指令时，也可根据预设策略进行处置并告警。同时，安全运维网关对运维工作进行全过程记录，包括操作画面图像、传输文件、通信报文、风险管控及接口使用等。

运维工作结束后，可将运维及审计记录上传至第三方审计日志平台，方便工作人员调阅和事后追溯。运维网关操作流程如图 9-1 所示。

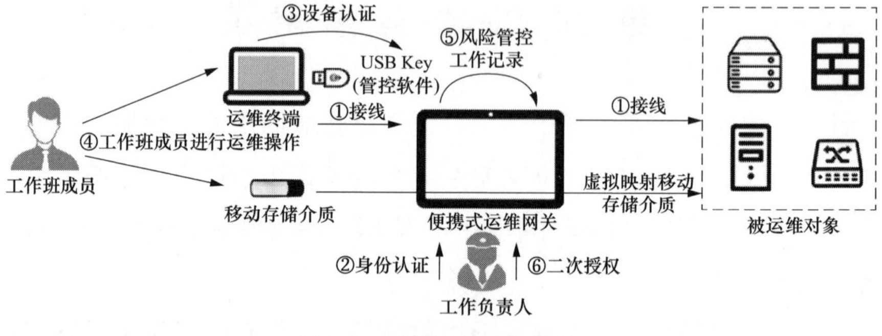

图 9-1 运维网关操作流程

安全运维网关在变电站现场的运维工作模式分为：点对点运维模式、网络运维模式、串行接口运维模式。运维网关支持检修运维工作时所用协议的通信转发，可针对 SSH、TELNET、SFTP、FTP 等协议进行实时解析，以透明代理方式识别操作指令和传输文件。

(一) 点对点运维模式

该模式下运维网关不连接变电站监控系统网络。检修人员将运维终端通过运维网关连接被运维对象的调试口。调试笔记本、运维网关、被调试设备处于同一网段。该模式适用于给测控装置、远动装置等有调试口的被运维对象（二次设备）检修运维工作。点对点运维模式如图 9-2 所示。

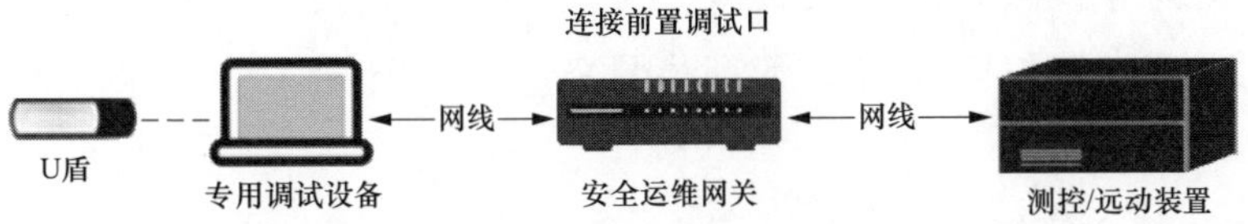

图 9-2 点对点运维模式

(二) 网络运维模式

网络运维模式下专用调试设备通过安全运维网关间接连入变电站监控系统站控层网络。安全运维网关在站控层网络运维工作中可以杜绝和防范各种网络及设备安全威胁，如网络外联、外设外联、病毒入侵、越权访问、高危指令等。当检修工作需要通过站控层网络访问后台监控主机、远动主机、测控装置及其他设备时，适用网络运维模式。网络运维模式如图 9-3 所示。

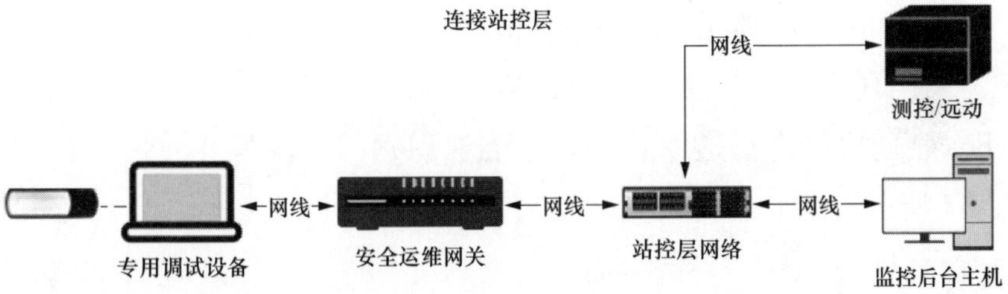

图 9-3 网络运维模式

(三) 串行接口运维模式

串行接口运维模式下支持通过 RS232 串行接口方式串接在专用调试设备与被运维对象之间，对通信进行实时解析，并识别操作指令。

二、安全管控

安全运维网关主要通过权限分配、接入管控、过程管控和运维审计来实现运维全过程的安全管理。

（一）权限分配

安全运维网关根据不同使用需求，分为系统管理员权限、工作负责人权限和审计管理员权限。系统管理员具备分配工作负责人账户、确定工作时间、配置工作范围（IP 地址）和高危指令、执行软件升级和恶意代码库更新等权限；工作负责人具备运维操作管控，开始、结束运维工作和二次授权等权限；审计管理员具备查看、导出工作记录和设备日志权限。

（二）接入管控

身份认证包括人员认证和设备认证。人员认证指使用者登录安全运维网关时的身份认证，支持静态口令、生物特征等实现人员认证，并支持两种因子组合认证方式；设备认证指安全运维网关与专用调试设备、被运维对象之间的认证，采用 USB Key 方式，利用数字证书以及被运维对象的探针软件实现设备之间的认证。

根据不同场景，安全运维网关分为网络接口、串行接口、USB 接口和 KVM 等接入管控方式。

网络接口支持所有协议的通信转发，对 SSH、TELNET、SFTP、FTP、SCP 等网络协议和 Q/GDW 273、DL/T 634.5104、DL/T860、Modbus 站内协议进行透明代理，并能够识别高风险操作。透明代理流程如图 9-4 所示。

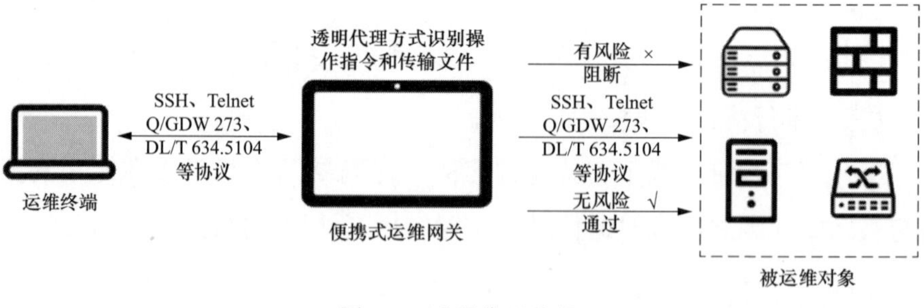

图 9-4　透明代理流程

串行接口可转发串口通信报文，解析字符指令并识别高风险指令；

USB 接口通过 USB 映射功能实现对移动存储介质的安全读写操作，阻断高风险行为；KVM 接入通过显示器、键鼠等外设显示被运维对象桌面信息，实现图形化、命令行运维操作。

（三）过程管控

安全运维网关通过二次授权、访问控制、攻击行为阻断、违规外联阻断、高风险指令阻断、恶意代码查杀等方式，对运维过程进行管控。

（1）二次授权：工作负责人对运维人员进行动态口令验证和工作负责人账号二次登录授权。只有授权通过才能工作。

（2）访问控制：只有在授权许可的资产清单（如 IP 地址、端口黑白名单等）范围内，网络访问才能够获得许可，所有超出目标范围的访问，都将被强制拦截。

（3）攻击行为阻断：当专用调试设备出现对 IP 地址、ARP、通信端口等进行扫描的行为，出现高危端口、DoS 等进行攻击的行为，以及病毒传播等行为时，安全运维网关对此进行自动阻断和告警。

（4）违规外联阻断：运维过程中，一旦发现调试笔记本访问外网（包括 Wi-Fi、蓝牙、双网卡等方式），立刻断网告警，记录违规外联日志；一旦发现非法设备（非专用 U 盘、手机等）插入调试笔记本，立刻断网告警，记录违规外设外联日志。

（5）高风险指令阻断：如果运维过程中涉及预设的高风险指令和控制类指令，需要进行申请确认，确认后方可进行，否则直接阻断。高风险指令的确认或阻断应及时告警，并记录相关日志。

（6）恶意代码查杀：内置杀毒功能模块，可根据实际工作配置对专用调试设备或外接移动介质进行扫描杀毒，一旦发现可疑文件，立即断网告警，记录杀毒日志，并复制可疑文件到专用隔离区作为取证文件后续审计用。

（四）运维审计

运维工作记录内容主要包括权限认证、文件传输、屏幕及图像、通信报文、风险管控及接口使用记录等。权限认证记录主要包括人员认证登录信息、专用调试设备 USB Key 认证信息、账号操作信息；文件传输记录主要包括传输文件的操作人员、时间、文件名称、类型、路径、大小、内容等信息；屏幕及图像记录包括专用调试设备上运维工作全过程屏幕录像信息；通信报文记录包括运维工作过程中的完整通信报文镜像数据；风险管控记录包括违规外联事件告警及阻断、高风险指令告警及阻断、攻击行为告警及阻断、恶意代码查杀及取证文件、二次授权行为等记录信息；接口使用记录包括对网口、串口、USB、视频等接口线缆接入、拔出等操作记录。

三、典型应用案例

安全运维网关的典型运维过程如图 9-5 所示。

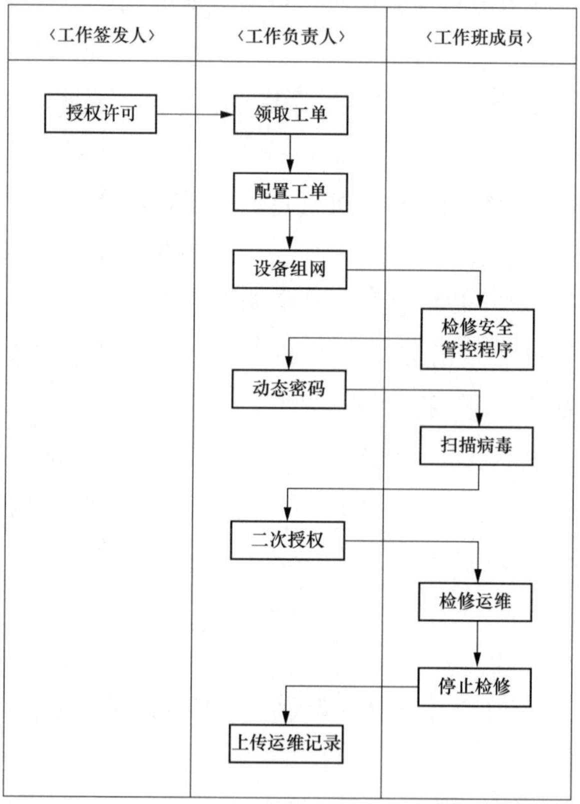

图 9-5 安全运维网关的典型运维过程

（1）授权工单：管理员在事先授权电子工单。

（2）领取工单：工作负责人工作前领取电子工单。

（3）配置工单：工作负责人在现场运维时完成配置电子工单。

（4）设备组网：工作负责人在现场运维前，完成调试笔记本、安全运维网关和被调试设备的组网工作。

（5）连接登录：运维人员调试笔记本插入 USB Key 连接登录安全运维网关。

（6）动态口令：工作负责人在安全运维网关生成动态口令，让运维人员输入验证。

（7）扫描病毒：动态口令验证通过后，强制扫描调试笔记本指定区域（工单中设置）。

（8）二次授权：扫描结束后，运维人员申请开始作业，工作负责人对运维人员二次授权登录。

（9）运维工作：调试笔记本通过安全运维网关打通工作链路，开始运维工作。同时，安全运维网关同步记录运维工作过程资料。

（10）运维审计：审计员对工作记录进行审计，将工作记录上传至审计平台。

第十章

高可靠变电站二次系统网络安全防护

高可靠变电站二次系统以设备软硬件全面自主可控为基础，继承并发展当前智能变电站建设运行经验，实现了变电站二次系统软硬件完全自主可控、安全防护全面可靠、系统功能优化适用、设备监控集约高效，从根本上解决了电网二次设备核心芯片“卡脖子”问题，全面支撑了变电站“无人值守＋集中监控”的业务需求。

高可靠变电站二次系统网络安全防护以全国产化芯片和操作系统为基础，以可信安全主动防御为特征，建立“本体安全可控＋通信加密认证＋边界防护牢固＋全站网络监测”的综合立体防护体系，实现变电站内生安全。本章主要阐述了高可靠变电站安全防护总体原则、各项安全防护技术和安全监测手段，同时介绍了变电站二次系统通信报文规范的安全防护机制。

第一节　高可靠变电站二次系统

变电站二次系统由采集执行单元、继电保护及安全自动装置、测控装置、监控系统、网络通信装置、安全防护、站用时间同步装置、智能故障录波装置、计量装置、电能质量监测装置、交直流站用电源及辅助设备等设备或系统组成，担负着电力系统保护、控制、测量、监视、计量及故障分析等任务，实现设备运行数据、告警信息、监视数据等数据信息实时采集与上送功能，为变电站及远方主站提供运行及数据支撑。

高可靠变电站二次系统按照自主可控、安全可靠、先进适用、集约高效的建设原则，以自主可控芯片及操作系统为基础，通过整体系统设计、优化采集方式、简化网络结构、整合设备功能、解耦 SCD 配置、优化辅控系统等，减少设备总量及运维工作量，提升变电站二次系统整体性能的同时，全面满足无人值班、设备集中监控（集控站）等新的生产体系业务需求。

一、高可靠变电站二次系统结构

变电站二次系统采用分层、分布、开放式体系架构，按照逻辑功能划分为站控层、间隔层及过程层，各逻辑功能由相关物理设备实现，单一物理设备可以实现多个逻辑功能。

站控层系统宜采用开放式基础平台和智能应用的系统架构。站控层设备主要包括主辅一体化监控主机、综合应用主机、巡视主机、实时网关机、服务网关机、综合智能防误主机等，完成数据采集、数据处理、状态监视、设备控制、运行管理和主站支撑等功能。

间隔层设备主要包括继电保护及安全自动装置、测控、智能故障录波、计量、消防信息传输控制单元、无线汇聚终端等设备，实现测量、控制、保护、计量和数据通信等功能。

过程层设备主要包括变压器、断路器、隔离开关、电流/电压互感器等一次设备所属的采集执行单元，以及一次设备在线监测传感器及终端、消防监控变送器、安防监控探测器及终端、动环监控传感器及终端、无线传感器、防误装置等，实现电测量信息、设备状态信息和变电站运行环境信息等的采集、传送和控制指令执行等功能。变电站二次系统基本架构示意如图 10-1 所示。

按照安全防护要求，高可靠变电站二次系统划分为安全Ⅰ区、安全Ⅱ区及安全Ⅳ区。二次系统安全Ⅰ区由采集执行单元、继电保护及安全自动装置、多功能测控装置、交直流一体化电源、主辅一体化监控主机、综合智能防误主机、实时网关机、站用时间同步系统等组成；安全Ⅱ区由智能故障录波装置、计量装置、辅助设备、综合应用主机、服务网关机等组成；安全Ⅳ区部署有巡视主机、无线物联接入设备、视频设备、巡检机器人设备等。

二、高可靠变电站二次系统特点

高可靠变电站二次系统呈现了全面自主可控、全面智能监控、强化安全保障、设备功能优化四个方面主要特征。

（一）全面自主可控

软、硬件全部实现国产化，芯片设计、制造、封测全链条国内完成，保障了供应链安全；通信协议国产化替代，消除了软件漏洞和潜在风险，提升了电网本质安全水平。

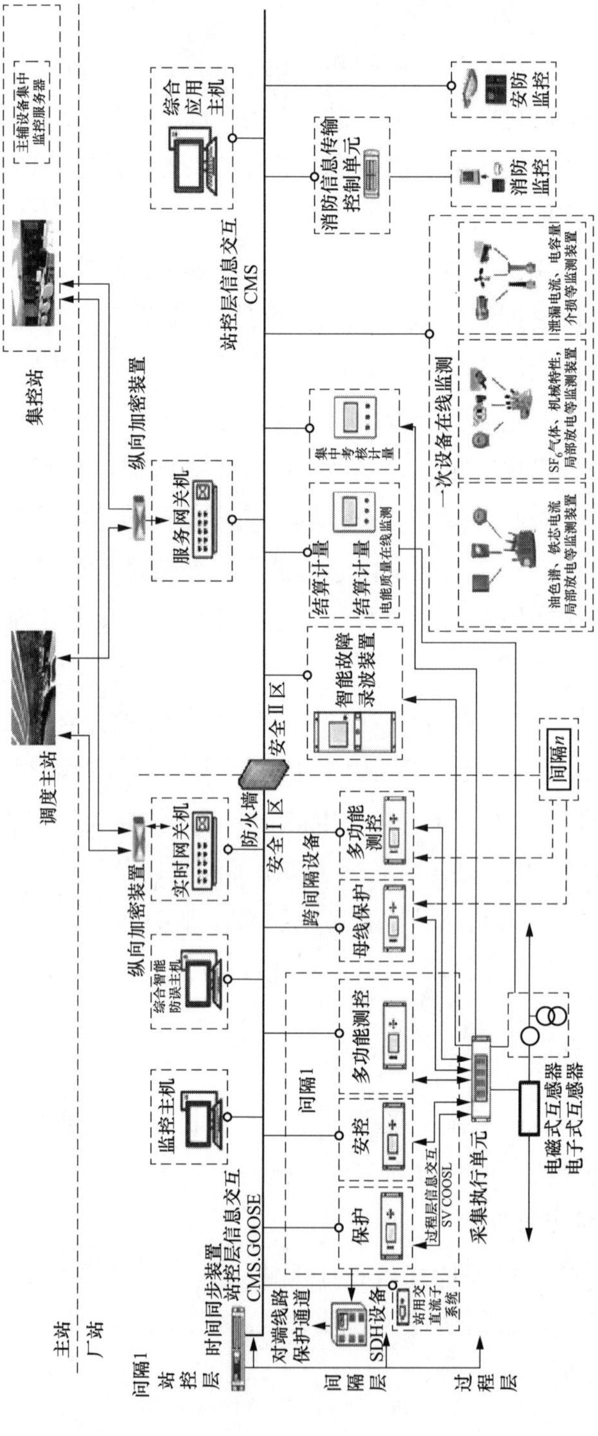

图 10-1　高可靠变电站二次系统基本架构示意图

（二）全面智能监控

主设备监控提升为主辅一体化监控，形成开放共享的软件架构和应用生态，促进智能化水平提升；通过规范无线接入区，实现低功耗、微功率无线传感器的统一接入，扩大信息采集范围，站内信息全面覆盖，提高设备感知能力；变电站端“平台＋App”系统架构，形成开放共享生态，智能应用配置更灵活，运维更智能，站端数据“就地处理”＋“按需调阅”，分析处理能力大幅提升，全面支撑远方集中监控；SCD文件标准化配置，“可管可控，友好易用”。

（三）强化安全保障

变电站系统结构边界防护、站内通信互信免疫、设备本体内生安全三级立体防护体系，强化可信安全主动防御，提升变电站网络内生安全防护水平，全面实现站内网络安全监视。

（四）设备功能优化

通信网络简化，取消过程层网络，减少过程层交换机一半以上，光纤直采直跳，保证传输可靠性，运维工作量大幅降低；设备整合集约，将功能类似的采集汇聚设备整合，实现信息就地集中采集和融合处理，消除数据烟囱，设备数量减少，大幅提升运行可靠性和运维效率。

第二节　高可靠变电站二次系统网络安全防护体系

高可靠变电站安全防护体系的总体目标，是在变电站的网络边界防护基础上，提升内生安全防护水平，加固变电站二次系统整体防护，防控主要网络安全威胁，达到相应等级保护要求。

一、高可靠变电站安全防护总体原则

在原有“安全分区、网络专用、横向隔离、纵向认证”十六字方针的基础上，高可靠变电站通过构建安全可靠的网络，并充分识别二次系统在生产控制、信息管理、运维调试、辅控接入等运行中的结构性边界，提高

系统的边界防护能力。在装备软硬件设计及通信上坚持自主可控原则，加强逻辑安全设计，建立设备的本体安全能力。设备硬件及基础组件实现国产自主可控，包括硬件、操作系统、数据库、密码算法等，并且具备访问控制、数据保密、关闭端口和不必要的服务、修复系统漏洞、记录审计等安全防护措施。

同时，加强对二次系统网络空间的管理事件、安全事件和系统日志的采集，从系统的不同层级、不同设备种类、不同应用类型等多个维度建立网络安全监测及风险评估能力。提升设备的访问控制、数据保密、记录审计等安全配置，排除设备自身安全漏洞风险，构建“结构安全、本体安全、可信免疫、安全监测”的全新安全防护架构，形成多层次多维度的综合安全防护体系，如图 10-2 所示。

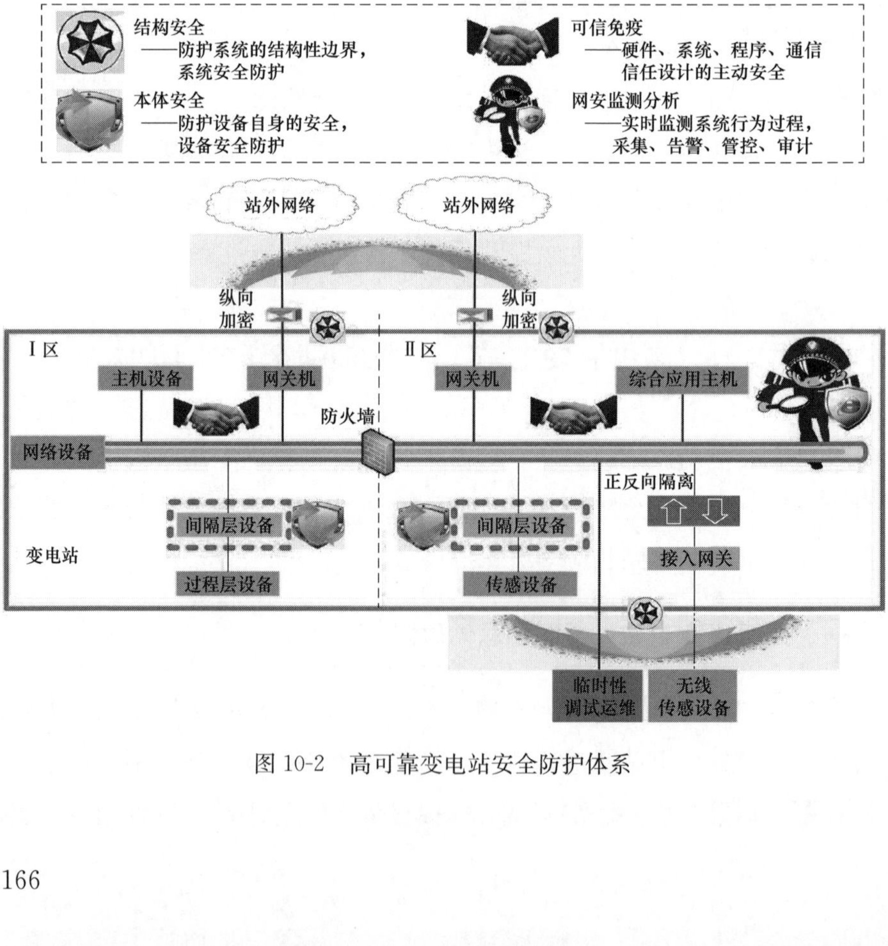

图 10-2 高可靠变电站安全防护体系

二、高可靠变电站二次系统安全防护架构

高可靠变电站构建“结构安全、本体安全、可信免疫、安全监测”的安全防护架构，形成多层次多维度的综合安全防护体系。重点强化站内通信防护，新增无线接入防护、可信免疫、运维管控等新措施，扩大监视采集范围，有效防护变电站网络免受攻击，全方位保障变电站系统安全。高可靠变电站安全防护架构如图 10-3 所示。

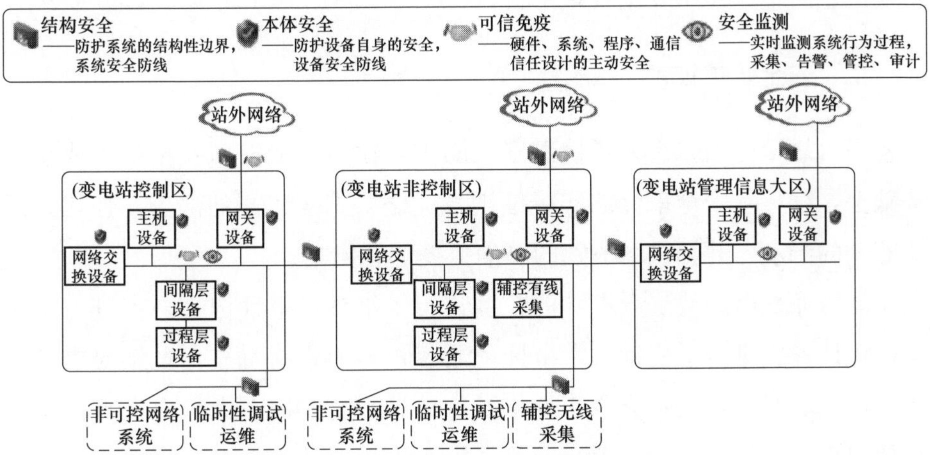

图 10-3　高可靠变电站安全防护架构

（1）结构安全：建立系统的结构性边界防护能力。建立相对独立的系统网络，并按照网络结构和业务种类，划分生产控制大区、管理信息大区等不同等级的安全区域，在安全区域的纵向和横向边界上部署相应的网络安全防护设备，对生产控制区通过无线通信网、电力企业其他数据网（非电力调度数据网）或者外部公用数据网的虚拟专用网络方式（VPN）等通信方式和终端进行采集接入时，应在接入边界上设置安全接入区，对现场的调试运维等临时性工作边界也应通过便携式运维网关等措施建立安全防护。

（2）本体安全：建立设备的本体安全能力。设备硬件及基础组件应实现国产自主可控，包括硬件、操作系统、数据库、密码算法等，并且具备访问控制、数据保密、关闭不必要的端口和服务、修复系统漏洞、记录审

计等安全防护措施。

（3）可信免疫：宜在系统的站控层采用可信计算技术建立设备及系统的可信免疫能力。对设备的安全启动、操作系统引导、应用程序加载和执行，以及工具软件的连接、设备间的通信交互等环节进行可信验证，从而建立起从设备自身到系统通信交互的信任免疫机制。

（4）安全监测：建立网络安全监测能力。在生产控制大区，对主机设备、网络交换设备、安全防护设备等实现全面的网络安全信息采集，并在站端汇总后上送网络安全管理平台。

三、安全防护技术

高可靠变电站二次设备信息安全防护，在传统变电站安全防护要求的基础上，统一了安全审计的实施细则，优化了安全监测的部署，强化了通信安全的维度，并提供了成熟的可信免疫部署方案。

高可靠变电站对安全审计的粒度进行了细化，审计记录内容进行了量化，审计方式进行了明确。在审计记录容量方面，高可靠变电站要求安全审计记录的时间跨度不能少于6个月，如果短时间内有大量安全事件发生有超出记录容量的可能，则要求条目数不低于2048条，超出时可以滚动覆盖最早记录。每条安全审计记录应由以下要素组成：事件的日期和时间；发生事件的组件；用户/主体的ID/IP地址；操作内容；该事件的结果。其中事件的时间戳要基于记录该事件的二次设备自身的系统时间。在高可靠变电站中，审计记录的访问权限是受到二次设备保护的，有审计权限的用户可以访问，但无权对审计记录进行删除和修改，审计记录的修改和删除由二次设备自身策略或专有运维工具执行。为方便审计，二次设备的审计记录可以离线导出，审计人员可以通过工具软件对审计数据进行查询。对于监控系统，其工具还支持对审计记录进行统计、查询和分析。

高可靠变电站通过部署网络安全监测模块对站内的网络交换设备、网络安防设备及主机设备的网络安全信息进行采集。和传统变电站不同的是，网络安全监测模块通过服务网关机接入网络安全监测主站和集控站。

在通信安全方面，高可靠变电站在已有的协议健壮性安全基础上，基于本质安全的原则，提出了通信协议安全性的技术标准，要求变电站的二次系统使用安全通信协议完成信息交互，并对无线接入安全进行了详细的规范，允许无线通信在变电站内部实施。通信协议安全性要求如下：

（1）安全通信协议要求自主可控，如调度系统与实时网关机之间使用DL/T 634.5104协议通信，间隔层设备与站控层设备之间、服务网关机与集控站之间使用DL/T 860协议通信，保信主站与服务网关机之间使用Q/GDW 273协议通信等。

（2）安全通信协议宜支持身份认证，即通信双方可以通过通信协议互相识别身份。目前DL/T 634.5104、DL/T 860协议已经具备此功能。实时网关机和服务网关机在与远方主站进行通信时，要求通信协议具备身份认证功能。

（3）无线传输的通信协议要求支持身份认证和数据加密，以防止外界通过无线方式侵入。无线传感器接入汇聚节点时，要实施接入认证。无线传感器采用TCP/IP网络协议接入汇聚节点时，采用硬件或者软件模块进行双向身份认证和数据加密，软件模块可采用SM2、SM9等国密算法实现；采用非TCP/IP的专用网络协议接入汇聚节点时，协议需采用国密算法的加密认证方式。对于不满足这两项要求的情况，必须报请公司网络安全专家进行接入评估。无线传感器信息接入示意如图10-4所示。

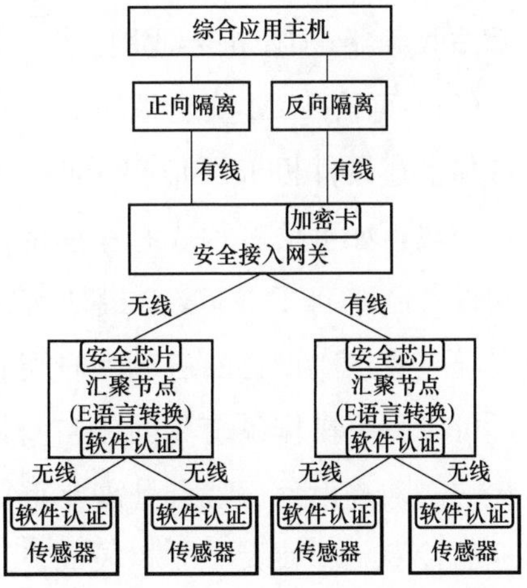

图10-4　无线传感器信息接入示意

无线汇聚节点与安全接入网关之间通信的端口，要求采用电力专用安全芯片或者加密卡等，通过国密算法，实现双向身份认证和数据加密。汇聚节点通过协议收集传感器数据后，以E文件格式发送给安全接入网关。

（4）安全通信协议要求具备健壮性，二次设备在网络风暴、泛洪攻击、拒绝服务攻击下，可以暂时屏蔽通信功能，不出现误动、误发报文、死机、重启等现象。

高可靠变电站通过部署可信功能提升系统内生安全免疫的能力，快速识别并阻断恶意代码的攻击。为实现可信免疫，高可靠变电站提供了以下几种较为成熟的技术方案：

（一）可信软件根

可信软件根采用计算机的CPU进行密码运算，以软件的方式提供密码模块和存储模块实现可信根的功能；可实现恶意代码攻击侦测识别、重要数据加密、完整性保护等。可信软件根方式的缺点是密码采用纯软件计算，密码存储的安全性较弱，信任链不完整，无法解决操作系统和固件自身固有的安全问题。但可信软件根的实现成本低且方式灵活，不改变二次设备或主机服务器的硬件结构，适合存量站设备的可信免疫改造。

（二）可信硬件板卡

硬件板卡采用与主流计算机主板兼容的接口设计，板载密码算法芯片和存储硬件，接入计算机系统主板总线，对操作系统引导和内核进行度量，提供硬件级加密算法和存储能力。该方案的优点是信任链完整，安装简单，可以解决操作系统和固件自身固有的安全问题，适用于服务器/工控机等通用计算机硬件。但对于嵌入式的二次系统硬件装置以及主板总线不兼容的存量站服务器/工控机不适用。

（三）可信TCM安全模块

与上述硬件板卡可信根类似，可信设备制造商提供微型的可信TCM安全模块，如可信芯片或芯片模组、集成可信计算功能的CPU等，变电站二次设备制造商TCM安全模块芯片接口设计装置的核心板，基于可信模块引导完成二次设备的启动实现可信免疫功能。该方案的优点是信任链完整，可以解决操作系统和固件自身固有的安全问题，体型较小，适用于小型化的嵌入式设备。缺点是需要重新设计硬件并按行业标准完成型式试验，实现的技术难度较大，成本较高。适合在新建变电站应用，不适用于存量站二次设备的可信免疫改造。

(四) USB-KEY 可信根

USB-KEY 内置可信安全模块，具备密码算法、安全度量及密钥管理功能，实现轻量级的信任链安全度量。该方案基于 USB 通用接口进行可信免疫功能的扩展，密码算法存储在硬件模块中，密钥存储安全，且安装时不改变主机的体系结构，成本较低；其缺点在于该方案的可信免疫功能需在系统启动加载 USB 驱动后实现，无法实现可信引导，信任链仍然是不完整的，无法解决操作系统和固件自身固有的安全问题。该方案适用于现场存量站的服务器主机的可信免疫改造。

第三节　高可靠变电站网络安全监测

高可靠变电站网络安全监测实现对变电站二次系统网络空间管理事件、安全事件和系统日志的采集，从系统的不同层级、不同设备种类、不同应用类型等多个维度建立网络安全监测及风险评估能力。

一、网络安全监测整体架构

和传统变电站不同的是，高可靠变电站网络安全监测功能以 APP 应用形态部署在综合应用主机中，与综合应用主机其他应用通过沙箱等方式实现独立运行。网络安全监测应用对内采集监控主机、综合应用主机、网络交换设备、网络安防设备及自身相关的安全事件，对外通过服务网关机上送网络安全监测平台和集控站系统，同时接受主站下发的控制操作进行基线核查、版本管控、参数设置、历史调阅等功能。网络安全监测整体架构如图 10-5 所示。

二、安全监测信息的采集与传输

高可靠变电站采用了新的架构，提供了更高的灵活性，但信息采集的方式、范围、格式和传统变电站相同。主机类设备通过主机自身 Agent 探针实现数据采集送至网络安全监测应用。交换机、防火墙、横向隔离装置

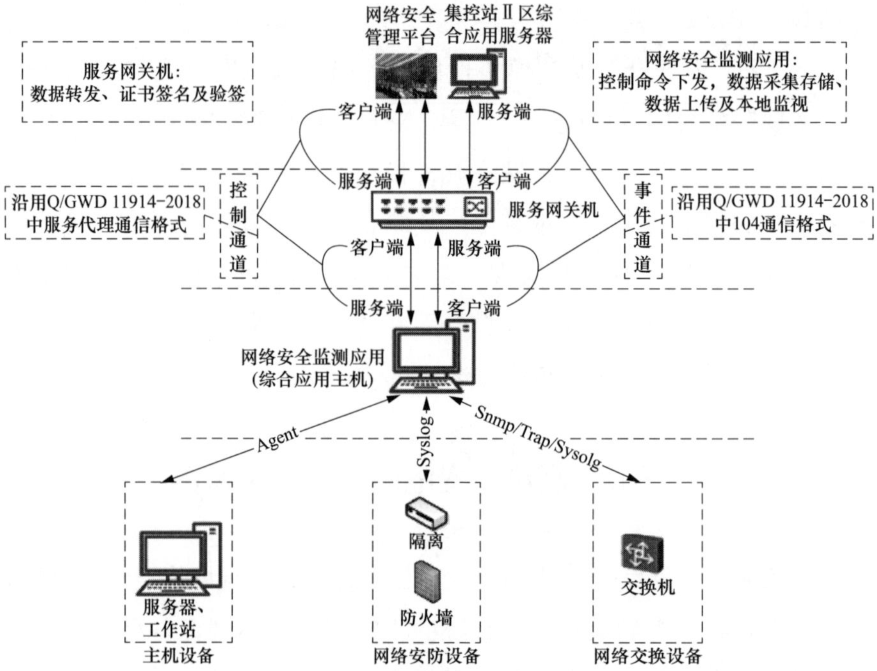

图 10-5 网络安全监测整体架构

可通过 SYSLOG、SNMP、TRAP 协议响应网络安全监测应用的数据采集。

网络安全监测应用和服务网关机之间通过 TCP 长连接实现网络安全事件的上送，通过短连接实现控制命令的下发。服务网关机与网络安全主站之间的连接通过数字证书完成身份认证之后方可建立。在传输重要操作时，需要在指令过程中加入身份的再次认证。网络安全监测应用同一时刻只允许网络安全管理平台的一个控制命令，即安全事件的调阅、参数修改、基线核查等操作命令不能同时执行。

第四节 变电站通信协议安全提升

变电站监控系统通信网络承载了站内保护、测控、计量、向量测量、故障录波等功能业务，是电力系统运行、分析和控制的基础环节。在智能变电站自动化系统的全生命周期的安全需求中，通信协议是电力系统运行的最关键部分之一，也是网络安全需求中的重要组成部分。

智能变电站监控系统通信基于IEC61850标准，由于IEC61850标准是一个开放式的国际标准，协议的开放性和标准性带来安全性问题，而且IEC61850标准协议中并不包含的特定的安全措施，这给变电站监控系统带来安全风险。在当前国际形势下，对核心标准进行国产化是大势所趋。

CMS协议（communication message specifications，变电站二次系统通信报文规范）系国家电网有限公司发布的IEC 61850通信替代解决方案，是高可靠变电站二次系统中重要的通信协议。CMS协议基于SM2算法与调度证书技术的安全防护机制，实现了数据的机密性、完整性保护。

一、CMS协议应用层的身份认证机制

基于IEC 61850标准的MMS协议通过TCP三次握手完成设备间的连接过程，应用层的关联过程没有相应的安全机制。CMS协议的关联请求与响应的语法定义中均有认证参数，内容涉及签名证书、签名时间和签名值，基于这些参数并结合SM2算法可实现CMS协议的安全关联过程。

基于CMS协议的通信双方安全认证过程如图10-6所示。CMS协议的关联请求与响应的语法定义如下：authenticationParameter（认证参数）表示应用层关联的安全认证，associationId（关联标识）表示应用层关联的标识。authenticationParameter参数是一个可选参数，当需要安全通信时，authenticationParameter中应携带调度证书的相关信息。signatureCertificate（签名证书）是8位bit的字符串。在关联建立过程中，关联请求者将自己的签名证书赋值到signatureCertificate中，关联响应者在确认关联请求者的合法身份后，将自己的签名证书内容赋值到signatureCertificate中回传给关联请求者。signedTime（签名时间）是authenticationParameter生成的UTC时间，用UtcTime（标准时分）类型表示，时间精度应小于1s。signedValue（签名值）由发起方（客户和服务器都可作为发起方）计算，由关联接收方对签名值IEDName. AccessPoint（接入点）进行验证，计算时只对signedTime自身数据进行签名，不包含额外信息。

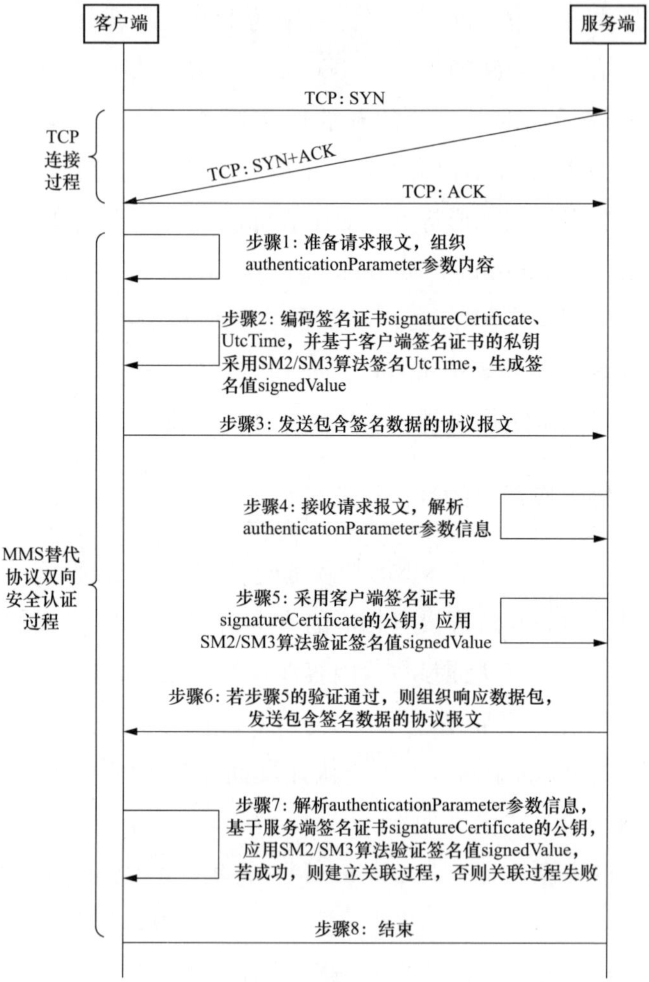

图 10-6　CMS 协议双向安全认证流程

CMS 协议通过对客户端与服务端安全流程设计，实现客户端到服务端的双向身份认证，未经安全认证的任何接入设备都不能够在网络上通信，杜绝了未授权设备的非法接入与攻击。图 10-6 展示了 CMS 协议双向安全认证流程。

二、CMS 协议传输层的安全防护机制

CMS 协议传输层数据的安全需基于 TLS（transport layer security，传

输层安全协议）协议对数据进行机密性、完整性保护。OpenSSL 是目前全世界用途最广泛的一种安全组件，且开源免费。OpenSSL 实现了 TLS 协议，属于国际算法。为满足电力二次系统自主可控的需求，在基于开源 OpenSSL 安全组件的基础上，增加自主可控密码算法 SM2、SM3、SM4 及对调度证书的支持，同时依据《基于 SM2 密码算法的数字证书格式规范》(GM/T 0015—2012)、《SSL VPN 技术规范》(GM/T 0024—2014) 两个规范实现 SM2 算法与调度证书的 TLS 协议。支持 SM2 算法与 TLS 协议的 GMSSL（国密安全组件）的体系架构如图 10-7 所示，其由应用层组件、TLS 安全组件、基础加密组件、加密引擎组件四个部分组成。

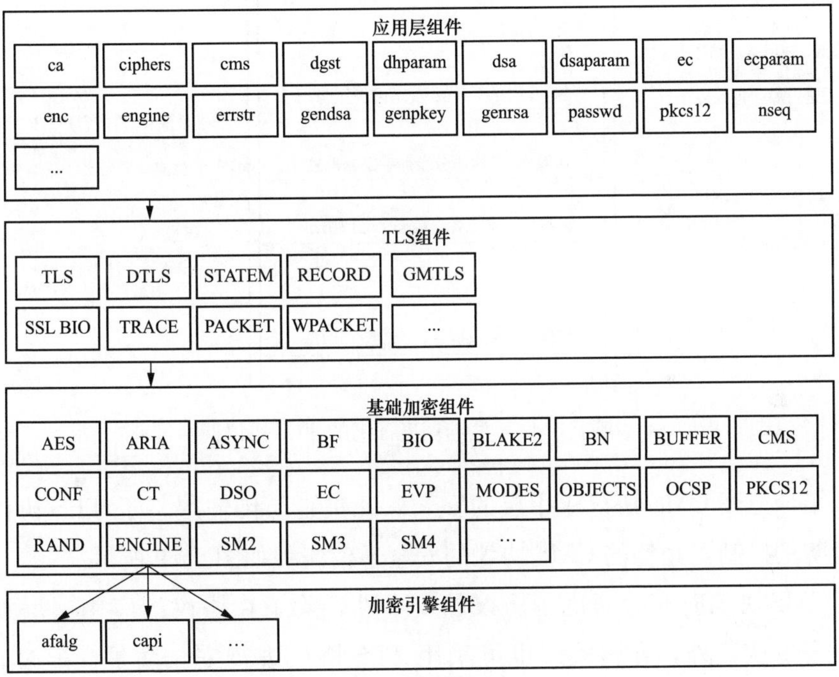

图 10-7　GMSSL 安全组件的体系架构

在基础加密组件中扩展自主可控密码算法与调度证书，在 TLS 组件中扩展 TLS 协议栈。扩展后的 TLS 协议握手过程如图 10-8 所示。TLS 协议主要由握手与加密 2 个过程组成，握手过程的主要目的是协商得到会话密钥，加密过程主要是使用协商得到的会话密钥进行加密通信。TLS 协议本身允许使用多种密码套件进行会话密钥协商，可使用 ECDHE_SM4_SM3、ECC_SM4_SM3 加密套件与调度证书实现链路数据的机密性和完整性。

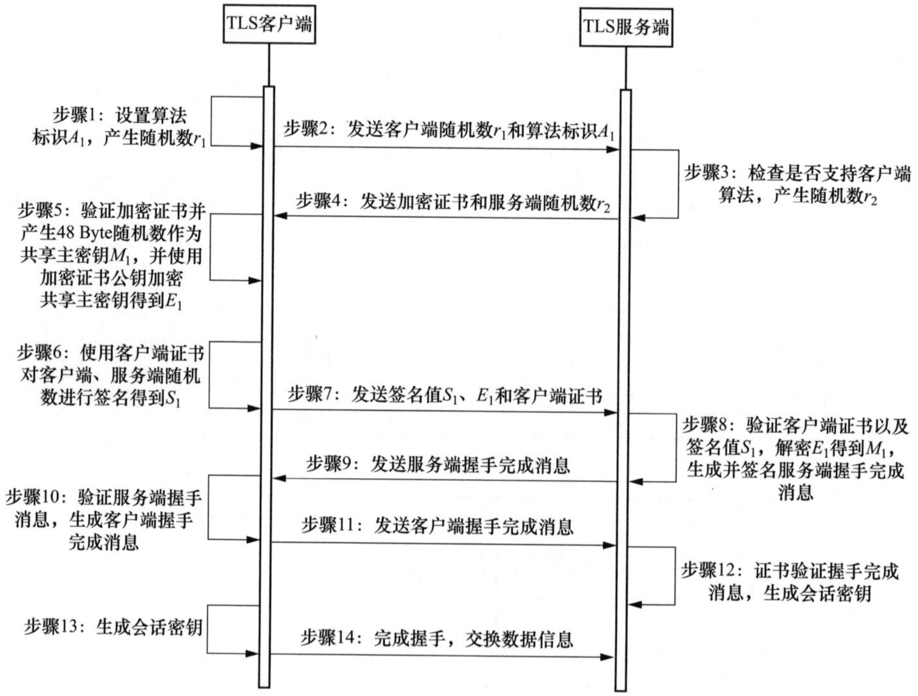

图 10-8 基于 SM2 算法与调度证书的 TLS 协议握手过程

结合上述 CMS 协议应用层的安全认证机制与传输层基于 TLS 协议的安全防护机制，完整的 CMS 协议的安全通信流程如图 10-9 所示。

CMS 协议时充分考虑了协议的安全性，除了在协议的应用层增加了双向身份认证外，在传输层也可采用 TLS 协议进行安全防护，通过在 2 个不同协议层进行安全加固，保障了协议数据传输的安全性。CMS 协议在协议源头上增强通信安全性，保护了通信双方数据报文的机密性与完整性，杜绝了协议报文在传输过程中任何一个环节被篡改、伪造及窃取的可行性。

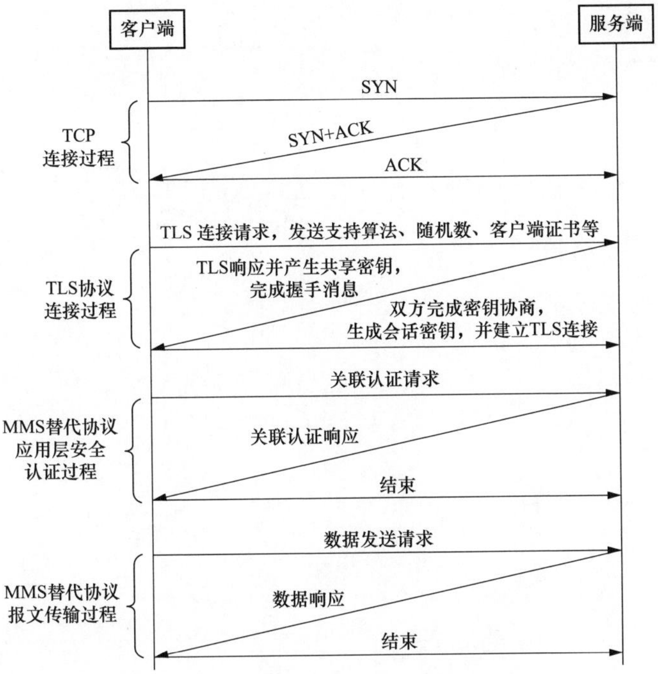

图 10-9 CMS 协议的安全通信流程

第十一章
变电站监控系统网络安全应急处置

中华人民共和国国家发展和改革委员会2014年第14号令《电力监控系统安全防护规定》明确要求：应建立健全电力监控系统安全的联合防护和应急机制，制定应急预案。电力调度机构负责统一指挥调度范围内的电力监控系统安全应急处理。当遭受网络攻击，生产控制大区的电力监控系统出现异常或者故障时，应当立即向其上级电力调度机构以及当地国家能源局派出机构报告，并联合采取紧急防护措施，防止事态扩大，同时应当注意保护现场，以便进行调查取证。

根据电力监控系统网络安全事件分级标准，变电站监控系统因网络安全原因造成的后果符合网络安全一般及以上电力监控系统网络安全事件的，应按照电力监控系统网络安全事件应急预案中规定的流程进行处置并报告。网络安全运行值班人员实时监视过程中发现的，由网络安全管理平台发出的变电站监控系统安全告警，如未构成网络安全事件，则由网络安全值班人员根据告警级别和相关要求组织现场处置，现场运维检修人员配合处置。

因变电站监控系统网络安全原因造成的后果对应国家相关法规定义的特别重大事故、重大事故、较大事故和一般事故的，须严格按照国家法规、行业规定及有关程序，向有关政府部门、相关机构报告、接受并配合其调查、落实其对责任单位和人员的处理意见，同时还应开展内部报告和调查。

本章主要阐述了网络安全告警及网络安全事件的区别，各自的分类原则，应对网络安全告警和网络安全事件时的处置方法及要求，实际工作中可能会触发告警及事件的情况，并提供了处置案例。

第一节 网络安全告警处置

变电站监控系统网络安全告警指通过技术手段监测到的网络安全潜在威胁，或对电力监控系统安全具有影响的可疑行为。根据告警可能的影响程度，将电力监控系统网络安全告警分为紧急告警、重要告警和一般告警三个等级。网络安全值班员监视发现调管范围内的电力监控系统网络安全告警时，应初步判断告警影响范围，分析告警初步原因，并按照相应级别的告警处置要求组织开展处置。

一、网络安全告警范围和等级

部署于调度主站的网络安全管理平台负责收集所管辖范围内所有的安全事件信息，安全事件信息主要包括安防设备、主机设备、网络设备上送的日志。平台通过安全告警功能实现对电力监控系统安全风险和安全事件进行实时的监视和在线的管控。平台采用告警提示窗、告警悬浮窗、告警轮播等多种方式进行实时的告警情况展示。从告警的类型进行区分，安全告警分为安全事件类、运行异常类、设备故障类、人员操作类告警。

从告警等级进行区分，电力监控系统网络安全告警分为紧急告警、重要告警和一般告警三个等级，其中紧急告警会对电力监控系统安全造成重大影响，重要告警会对电力监控系统安全造成较大影响，而一般告警会对电力监控系统安全造成一定影响。紧急告警主要包括通过对入侵检测系统记录事件进行分析得到的网络入侵事件，对防病毒系统记录事件进行分析得到的病毒攻击事件，以及违反主机访问白名单配置的主机连接，重要告警主要包括不符合安全策略的访问、主机危险操作告警，以及非法设备接入、数据库异常等运行异常类告警，一般告警主要包括电源故障、风扇故障等设备故障类告警，操作信息、退出登录等人员操作事件。

从告警类型角度进行区分，安全告警又可分为安全事件类告警、运行异常类告警、设备故障类告警、人员操作事件，各类型事件所对应的告警级别见表11-1～表11-4。

表 11-1　　安全事件类告警表

告警内容	告警等级	告警描述
网络入侵事件	紧急	通过对入侵检测系统安全事件进行分析出的网络入侵事件
病毒攻击事件	紧急	通过对防病毒系统的安全事件进行分析出的病毒攻击事件
非法外联告警	紧急	违反主机访问白名单配置的主机连接
不符合安全策略的访问	重要	安全设备拦截的不在策略范围内的网络访问
主机危险操作告警	重要	本机及远程多跳访问产生的危险操作告警

续表

告警内容	告警等级	告警描述
关键目录文件权限变更	重要	主机关键路径文件权限变更告警
用户权限变更	重要	主机用户权限变更告警
非法网络接入告警	重要	网络设备不在授权范围内的设备接入
外设设备接入告警	重要	有 USB、串口、并口、光驱设备接入
USB 存储功能未禁用告警	重要	主机 USB 存储功能未禁用
主机软件版本变更	重要	可信计算程序在主机软件版本发生变化时上报事件
外设设备拔出	一般	有 USB、串口、并口、光驱设备拔出

表 11-2　　运行异常类告警表

告警内容	告警等级	告警描述
纵向设备备机心跳丢失	重要	纵向设备备机心跳丢失
数据库磁盘信息-数据文件空间不足	重要	数据库使用磁盘异常
数据库磁盘信息-归档文件空间不足	重要	数据库使用磁盘异常
数据库磁盘信息-备份文件空间不足	重要	数据库使用磁盘异常
数据库表空间剩余不足	重要	数据库表空间不足
数据库状态异常	重要	数据库运行状态异常
锁表-SQL 语句长时间未提交	重要	SQL 语句长时间未提交
数据库计划任务执行失败	重要	数据库计划任务执行失败
锁表-SQL 语句执行时间异常	重要	SQL 语句执行时间过长
锁表-数据库脏页面占比过大	重要	数据库脏页面占比过大
非法设备接入	重要	终端设备非法接入到网络设备
纵向设备隧道建立错误	一般	纵向设备隧道建立错误
CPU 使用率越限	一般	主机、数据库、网络设备、安全设备 CPU 使用率越限
内存使用率越限	一般	主机、数据库、网络设备、安全设备内存使用率越限
主机存在大量未关闭的 TCP 链接	一般	主机设备 TCP 链接 CLOSE_WAIT 数量
主机设备存在大量僵尸进程	一般	主机设备僵尸进程数量
主机硬盘存储空间不足	一般	主机设备硬盘使用超过一定阈值时告警
非法尝试登录告警	一般	主机、数据库、网络设备、纵向设备、防火墙设备连续多次尝试登录失败

表 11-3　　设备故障类告警表

告警内容	告警等级	告警描述
电源故障告警	一般	设备电源模块异常
风扇故障	一般	设备风扇故障
网口状态异常	一般	设备网口状态发生变化的异常
温度异常	一般	设备主板温度异常

表 11-4　　人员操作事件表

告警内容	告警等级	告警描述
登录成功	重要	现场无人值班且未处在检修工作状态的情况下，安全设备、网络设备、主机设备的登录事件
	一般	现场有人值班或正值检修工作状态的情况下，安全设备、网络设备、主机设备的登录事件
操作信息	一般	安全设备、网络设备、主机设备操作事件
退出登录	一般	安全设备、网络设备、主机设备退出登录事件
数据库用户信息变更	一般	数据库用户增加、删除、修改事件
数据库操作记录	一般	数据表结构发生变化

二、网络安全告警处置

网络安全运行值班人员应对网络安全告警和网络安全设施运行状态进行实时监视和分析，确保电力监控系统网络安全事件及时发现、及时处理和迅速报告。变电站运行检修人员应配合网络安全运行值班人员开展安全告警的现场处置，并及时报告相关情况。

在实际电力监控系统操作运维过程中，因不合理地配置网络结构参数、安全防护策略，或因垃圾软件、程序不良行为、无效网络连接、不规范的现场作业操作行为都可能引起网络安全告警。发生告警时，网络安全值班员应与现场运维人员核实，是否为检修工作产生的合规告警，如网口开启、USB 插入、经核实的运维人员登录失败等触发类告警，如核实为非合规告警，则立即开展处置。

发现紧急告警应立即处理，重要告警应在 24h 内处理，多次出现的一般告警应在 48h 内处理。发生紧急告警后，相关运维单位要在 3 日内完成紧急告警分析报告报运行管理部门和归口管理部门，报告内容应包含告警描述、影响范围、处置过程、原因分析和防范措施等。

任何处理的告警均须第一时间查清并核实告警详情，包括 IP 归属、端口信息和涉及业务等。网安值班应立即开展分析研判并确认是否可能存在安全风险，并组织相关运维人员开展告警分析和处置，同时要注意现场保护，固定证据，以便为分析报告提供佐证材料。现场处置人员应按照“先隔离阻断，后修复调查”的原则进行处理，当发生人员违规操作、软硬件缺陷等引发的网络安全告警时，应立即采取强制断开危险会话、断开涉事主机网络、调整网络边界防护策略、断开区域数据网络等不同程度的隔离措施，并重点保护核心业务安全平稳，有效抑制或阻断风险扩散。告警经分析认定为网络安全事件的，则按网络安全事件要求进行处置和报告。

应急处置期间如涉及影响业务系统使用、厂站侧数据采集或运行监视等，需向对应业务部门进行汇报，协调开展主备机切换、启用备调系统等措施。同时做好处置过程记录，包括操作对象、操作命令、操作结果等，必要时留存图像等形式的记录，并做好操作系统或配置文件等备份操作。应急处置措施完成后，须组织技术人员开展详细分析及调查工作，完成告警分析报告，彻底查明事件原因，有效落实整改措施。

第二节　网络安全事件应急处置

电力监控系统网络安全事件指由于人为原因、软硬件缺陷或故障，对电力监控系统或者其中的数据造成危害的事件。在电力监控系统操作运维过程中，因非法外联、违规接入等网络安全原因造成电网一次设备被恶意操纵、电力监控系统主要功能失效、生产控制大区感染病毒、蠕虫或木马等恶意代码，或者重要敏感信息、关键数据被窃取、篡改，会给电网生产运行造成威胁的应按网络安全事件要求进行处置。

一、网络安全事件分级标准

根据事件对不同安全等级系统造成的影响和破坏程度，将电力监控系统网络安全事件分为一般网络安全事件、较大网络安全事件、重大网络安全事件、特别重大网络安全事件四个等级。具体分级标准根据《国网公司电力监控系统网络安全事件应急预案》参考如下。

（1）特别重大电力监控系统网络安全事件因网络安全原因，造成的后果符合下列条件之一者为特别重大电力监控系统网络安全事件：

1）造成《国家电网有限公司大面积停电事件应急预案》中定义的较大及以上大面积停电事件。

2）造成 3 套以上等保四级电力监控系统主要功能同时失效 24h 及以上。

3）其他对电力生产构成特别严重威胁、造成特别严重影响的电力监控系统网络安全事件。

（2）重大电力监控系统网络安全事件未构成特别重大电力监控系统网络安全事件，但因网络安全原因，造成的后果符合下列条件之一者为重大电力监控系统网络安全事件：

1）造成《国家电网有限公司大面积停电事件应急预案》中定义的一般大面积停电事件。

2）造成等保四级电力监控系统主要功能失效 24h 及以上。

3）造成等保四级电力监控系统重要敏感信息或关键数据丢失或被窃取、篡改，给电网生产运行造成重大威胁。

4）其他对电力生产构成严重威胁、造成严重影响的电力监控系统网络安全事件。

（3）较大电力监控系统网络安全事件未构成重大及以上电力监控系统网络安全事件，但因网络安全原因，造成的后果符合下列条件之一者为较大电力监控系统网络安全事件：

1）造成局部停电事件，但尚未达到《国家电网有限公司大面积停电事件应急预案》中定义的一般及以上大面积停电事件。

2）造成等保四级电力监控系统主要功能失效 8h 及以上、等保三级电力监控系统主要功能失效 24h 及以上。

3）造成等保三级电力监控系统重要敏感信息或关键数据丢失或被窃取、篡改，给电网生产运行造成较大威胁。

4）其他对电力生产构成较大威胁、造成较大影响的电力监控系统网络安全事件。

（4）一般电力监控系统网络安全事件未构成较大及以上电力监控系统网络安全事件，但因网络安全原因，造成的后果符合下列条件之一者为一般电力监控系统网络安全事件：

1）造成电网一次设备被恶意操控，但未造成停电事件。

2）造成等保三级电力监控系统主要功能失效 8h 及以上。

3）生产控制大区网络与其他网络非法连接，造成网络边界被侵入。

4）生产控制大区设备感染病毒、蠕虫或木马等恶意代码，造成重要功能失效。

5）其他对电力生产构成一定威胁、造成一定影响的电力监控系统网络安全事件。

二、网络安全事件应急处置

电力监控系统网络安全事件的应急处置应根据以下原则开展：

（1）统一指挥，分级负责。建立“统一指挥、结构合理、功能实用、运转高效、反应灵敏、资源共享、保障有力”的指挥体系，在公司统一领导下，按照综合协调、专业管理、分级负责、属地为主的要求，开展电力监控系统网络安全事件预防和处置工作。

（2）居安思危，预防为主。加强电力监控系统网络安全管理，落实安全防护标准化管理要求，有效防范重大网络安全事件发生。坚持预防与应急相结合，常态与非常态相结合，做好应对电力监控系统网络安全事件的各项准备工作。

（3）强化基础，提高能力。坚持“安全分区、网络专用、横向隔离、纵向认证”的总体原则，采用先进适用的监测、预警和应急处置技术，不断改进和完善应急装备和手段，提高应对电力监控系统网络安全事件的处置能力。

（4）快速响应，协同处置。发生电力监控系统网络安全事件时，做到快速发现、定位危险源，防止网络安全风险扩散，最大限度减少事件造成的危害与影响。整合内外部应急资源，共同开展电力监控系统网络安全事件应急处置工作。

在组织机构上应成立电力监控系统网络安全事件应急处置领导小组。领导小组负责统一指挥、协调电力监控系统网络安全事件应急处置工作。在领导小组之下成立电力监控系统网络安全事件应急处置领导小组办公室（以下简称“电力监控网络安全应急办”），负责落实电力监控网络安全应急领导小组部署的各项任务，协调相关资源开展应急处置、信息报告、善后处理等工作。

电力监控系统网络安全事件应急响应按事件分级由高到低分为Ⅰ、Ⅱ、Ⅲ、Ⅳ级，分别对应特别重大网络安全事件、重大网络安全事件、较大网络安全事件、一般网络安全事件四个等级。初判发生电力监控系统网络安全事件时，启动相应级别应急响应。对于尚未达到一般电力监控系统网络安全事件标准，但对社会产生较大影响的其他事件，也应启动应急响应。

在实施应急处置的过程中，坚持“以人为本”的指导思想，坚持统一领导、分级负责、快速反应、内外联动、协同应对的工作原则。电力监控系统网络安全事件发生后，事发单位立即对安全形势及影响范围进行评估，根据现场处置预案进行处置，尽量缩小和减轻事件影响，并及时向上级单位汇报处置情况。

当电力监控系统网络安全事件存在大面积传播风险时，事发单位应采取调整网络边界防护策略或断开数据网络等措施，有效抑制风险扩散。电力监控网络安全应急办和相关部门密切关注事件发展态势，掌握事发单位先期处置效果。

（一）Ⅰ级、Ⅱ级响应行动时

（1）召开电力监控网络安全应急领导小组会议，就相关重大应急问题做出决策和部署，组织协调相关部门开展电力监控系统软硬件物资供应、应急处置工作，必要时向公司应急领导小组汇报。

（2）必要时，电力监控网络安全应急领导小组指派相关负责人、专家、公司相关部门人员赶赴现场，指导协调应急处置工作。

（3）电力监控网络安全应急办进入24h应急值守状态。开展事件信息汇总，并及时向电力监控网络安全应急领导小组汇报。

（4）必要时，电力监控网络安全应急办组织相关部门开展信息对外披露及舆论引导工作。

（5）应急办与政府相关部门联系沟通，汇报相关情况，必要时请求政府相关部门支援。

（6）事发单位应急指挥机构进入应急状态，开展24h值班。在电力监控网络安全应急领导小组的统一指挥下，负责本区域内现场处置、支援保障和信息报送等工作。

（7）电力监控系统网络安全事件导致电力监控系统不可用时，事发单位应采取必要的临时措施，如启用备调、恢复现场值守等，确保电网正常运行。

（二）Ⅲ级、Ⅳ级响应行动时

（1）电力监控网络安全应急办接收事发单位上报综合信息，向电力监控网络安全应急领导小组汇报；电力监控网络安全应急领导小组研究成立由副总指挥负责组织管理，指导协调的应急指挥部，发布Ⅲ级应急响应通知。

（2）职能部门按职责分工接收事发单位上报的专业信息，关注事发单位按照本单位预案组织应急处置工作效果，必要时向电力监控网络安全应急领导小组及办公室汇报。

应急处置完成后应尽快恢复系统正常运行方式，取代应急处置中采取的临时措施。整理受损系统、设备资料，及时更新网络拓扑结构和设备台账信息，做好系统数据备份。

第三节　变电站监控系统网络安全告警处置典型案例

变电站监控系统运维单位应制定网络安全应急预案，当变电站监控系统出现安全告警，尤其是遭到黑客、恶意代码攻击和其他人为破坏时，应按应急处理预案，立即采取安全应急措施。

一、案例一：专用调试笔记本加固不到位触发非法访问因特网的紧急告警

（一）异常现象

网络安全管理平台收到某 220kV 变电站地调接入网Ⅱ区纵向加密装置上报的紧急告警：*.*.147.200 正在扫描*.*.146.89 的 TCP80、8340、138、8000、5355 等多个端口。

（二）原因分析

经查，*.*.147.200 为站内行波测距装置的数据网接入地址，*.*.146.89 关联域名为因特网地址 ct.duba.net，ct.duba.net 为 duba.net 的子域名，再通过公安备案网查询 duba.net 关联的公司，确认域名对应的开办者为金山网络（北京猎豹移动科技有限公司）。

通过现场核实确认，告警发生时，现场检修人员正在测试行波测距装置的网络连通性，曾将电力监控系统专用调试笔记本接入调度数据网络。查看专用调试笔记本，发现笔记本上安装了金山 WPS Office，发现了名为 wpscloudsvr.exe 的金山 WPS 办公软件云服务进程。该进程在网络环境下会自动访问*.*.146.89 的云服务地址的 TCP80、8340、138、8000、5355 端口，造成了本次告警。

（三）处置过程

网安值班人员发现告警后，立即开展应急处置，联系现场暂停检修工作，并对告警设备进行拔除网线处理，同时，对行波测距装置和专用调试笔记本进行病毒查杀，查杀后未发现病毒。确认告警原因后，将专用调试

笔记本电脑中的 WPS Office 软件删除，防止在后续的电力监控系统调试工作中触发告警，并对笔记本进行加固检查，确认无误后重新开展检修工作。

（四）防范措施

（1）加强对电力监控系统专用调试笔记本的管理，删除不必要软件，关闭不需要的端口，防止在调试过程中出现无效的网络访问。

（2）推广变电站移动运维堡垒机的应用，加强现场调试人员的网络安全技术培训，提高网络安全意识，进一步提升变电站电力监控系统运维管控水平。

二、案例二：站内主机感染恶意代码引起地址扫描的紧急告警

（一）告警信息

某变电站调度数据网Ⅱ区纵向加密装置上送紧急告警，内容为源 IP（＊.＊.101.189）多次访问目的 IP（14.74.133.83 至 216.103.193.27 之间），目的端口 445，因不符合安全策略的访问被拦截。

（二）原因分析

经过现场排查，源 IP（＊.＊.101.189）为站内调度计划工作站地址，目的地址段（14.74.133.83 至 216.103.193.27）排除站内地址和调度数据网地址。通过 Symantec（赛门铁克）软件 w32.downadup 病毒专杀工具对调度计划工作站进行扫描，发现有文件感染病毒。

调度计划工作站因在出厂时未安装针对 MS08-067 漏洞的 KB958644 补丁，此漏洞被 w32.downadup 病毒利用，伪装成正常的系统程序 svchost.exe，并尝试感染同样存在此漏洞的 Windows2000/ XP/Server 2003/Vista/Server 2008 系统的主机设备，所以出现恶意访问随机地址的 445 端口并被拦截的告警。

（三）处置过程

网安值班人员发现告警后，立即开展应急处置，切断该变电站的调度数据网连接，并联系检修人员立即赶赴现场消缺。检修人员拔除告警设备的网线，对其通过多种杀毒软件（360、瑞星等）进行扫描，Symantec（赛

门铁克）w32. downadup 病毒专杀工具发现被感染文件并删除。最后排查站内其他主机，开展系统补丁安装检查、常规病毒检查和 w32. downadup 专杀工具检测，完成全面消杀。

确认站内无病毒后，逐步恢复各主机网线，并联系网安值班员恢复与调度机构的数据网链路。

（四）防范措施

（1）Windows 操作系统面临较大的网络安全风险，推荐使用安全操作系统，稳步推进变电站监控系统主机和装置的国产化。

（2）常态化开展存量变电站监控系统的排雷清障专项工作，主动发现漏洞并完善补丁。

（3）在新建变电站投运前全面开展等级保护测评工作，全面消除系统漏洞，防止“带病入网”。

三、案例三：外部主机违规接入调度数据网触发非法访问的紧急告警

（一）异常现象

网络安全管理平台收到某 110kV 光伏电站地调接入网 I 区纵向加密装置上报的紧急告警：*. *.218. 10 正访问 *. *.130. 189，目的端口不固定。

（二）原因分析

经查，*. *.218. 10 和 *. *.130. 189 均为外网地址，通过现场核实确认，告警发生时，光伏电站运维人员正在进行气象数据接入光伏负荷预测系统工作，调试厂家将接入互联网的光伏负荷预测服务器接入了地调接入网进行调试。因此，造成了本次告警。

（三）处置过程

网安值班人员发现告警后，立即开展应急处置，立即断开该光伏电站的电力调度数据网链路，断开光伏负荷预测服务器与调度数据网的网线。要求光伏电站业主对该光伏电站的内部网络结构进行全面整治，对管理信息大区和生产控制大区设备分区隔离，对光伏电站内服务器、工作站等计

算机设备进行全面的排查、病毒木马查杀及安全加固，经验收复查无问题后再重新接入电力调度数据网。

（四）防范措施

（1）光伏电站内计算机设备张贴醒目分区标示，不同区域设备进行物理隔离，严禁不同分区设备之间有物理连接。

（2）加强现场调试人员的网络安全技术培训，提高网络安全意识，严格落实现场监管措施。

附录 缩 略 语

ACL access control lists 访问控制列表

ARP address resolution protocol 地址解析协议

APT advanced persistent threat 高级持续性威胁

BIOS basic input output system 基本输入输出程序

CA certificate authority 认证中心

CBC cipher block chaining 密码分组链接

CFB cipher feedBack 密码反馈

CMS communication message specifications 通信报文规范

DDoS distributed denial of service 分布式拒绝服务

DoS denial of service 拒绝服务

ECB electronic codebook 电码本

FTP file transfer protoco 文件传输协议

GOOSE generic object oriented substation event 面向通用对象的变电站事件

HDMI high definition multimedia interface 高清多媒体接口

HTTP hyper text transfer protocol 超文本传输协议

HTTPS hyper text transfer protocol secure 超文本传输安全协议

ICMP internet control message protocol 互联网控制报文协议

IDS intrusion detection system 入侵检测系统

IED intelligent electronic device 智能电子设备

IP internet protocol 互联网协议

IPS intrusion prevention system 入侵防御系统

IPV4 internet protocol version 4 互联网协议第 4 版

IV initialization vector 初始向量

KVM keyboard video mouse 键盘、显示器、鼠标

MMS manufacturing message specification 制造报文规范

MPLS-VPN multi-protocol label switching-virtual private network 基于多协议标签交换协议

的虚拟专用网络

Nmap network mapper 网络映射器

OpenVAS open vulnerability assessment system 开放式漏洞评估系统

OSI open system interconnect 开放式系统互联

OSPF open shortest path first 开放式最短路径优先

PKI public key infrastructure 公钥基础设施

PMU Phasor Measurement Unit 同步相量测量装置

QoS quality of service 服务质量

Rlogin remote login in unix systems 远程登录命令

RS232 recommended standard232 串行数据接口标准

SCP secure copy protocol 安全复制协议

SDH synchronous digital hierarchy 同步数字体系

SFTP secret file transfer protocol 安全文件传输协议

SMB server message block 服务器消息块协议

SNMP simple network management protocol 简单网络管理协议

SSH secure shell 安全外壳协议

SV sampled value 采样值

SYN synchronize sequence numbers 同步序列编号

TC trusted computing 可信计算

TCG trusted computing group 可信计算组织

TCM trusted cryptography module 可信密码模块

TCP transmission control protocol 传输控制协议

TELNET telecommunications network 远程登录服务

TFTP trivial file transfer protocol 简单文件传输协议

TLS transport layer security 传输层安全协议

TPM trusted platform module 可信平台模块

VLAN virtual local area network 虚拟局域网

USB universal serial bus 通用串行总线

参 考 文 献

[1] 齐向东. 漏洞. 上海：同济大学出版社，2021.

[2] 魏强，武泽慧. 逆向与漏洞分析. 北京：科学出版社，2022.

[3] 孙夫雄. 网络攻防技术与实战. 北京：清华大学出版社，2023.

[4] 尹玉杰，孙雨春. 安全漏洞验证及加固. 北京：机械工业出版社，2020.

[5] 周亚建. 网络安全加固技术. 北京：电子工业出版社，2007.

[6] 孔德全. 电力系统网络及安全防护设备加固技术问答. 北京：中国电力出版社，2022.

[7] 国家电力调度控制中心. 电力监控系统网络安全防护培训教材. 北京：中国电力出版社，2017.

[8] 国网浙江省电力有限公司. 电力监控系统安全防护设备培训教材. 北京：中国电力出版社，2021.

[9] 国网浙江省电力有限公司. 电网调度自动化及网络安全运行值班与维护. 北京：中国电力出版社，2022.

[10] 郭象吉. 电力监控系统安全防护技术概论. 北京：中国电力出版社，2020.

[11] 李孟阳，张旭东，李响，等. 电力监控系统网络安全攻防演练平台建设与应用. 成都：西南交通大学出版社，2021.

[12] 贺建伟，等. 电力监控系统网络安全作业指导手册. 北京：中国纺织出版社，2022.

[13] 李雨航，徐亭，郭鹏程，等. 网络服务安全与监控. 北京：电子工业出版社，2021.

[14] 汪双顶，陆沁，等. 计算机网络安全. 北京：人民邮电出版社，2020.

[15] 刘化君. 网络安全与管理，北京：电子工业出版社，2019.

[16] 李劲，张再武，陈佳阳. 网络安全等级保护 2.0 定级测评实施与运维. 北京：人民邮电出版社，2021.

[17] 郝尧，赵越，吴开均，等. 信息安全主动防护技术. 北京：国防工业出版社，2018.

[18] 杨家全，冯勇，李踔，等. 电力监控系统网络安全运维技术与实践. 成都：西南交通大学出版社，2021.

[19] EPTC 电力信息通信专家工作委员会. 电力网络安全技术产业发展报告. 北京：中国水利水电出版社，2021.

[20] 沈昌祥. 用主动免疫可信计算 3.0 筑牢网络安全防线营造清朗的网络空间. 信息安全研究. 2018. 4 (04).

[21] 沈昌祥，张焕国，等. 可信计算研究与发展，中国科学. 2010. 6 (02).

[22] 张振嵘. 变电站远程维护巡视一体化平台的研究应用. 广东工业大学. 2019.

[23] 宋彬彬，赵延青. 防恶意代码审计系统在电力监控系统安全防护中的应用. 信息技术与信息化. 2018，279 (06).

[24] 高昆仑，辛耀中，李钊，等. 智能电网调度控制系统安全防护 技术及发展. 电力系统自动化. 2015，39 (1).

[25] 杨至元，张仕鹏，孙浩，等. 电力系统信息物理网络安全综合分析与风险研究. 南方能源建设. 2020. 7 (03).

[26] 徐延明，许艾，等. 基于自主可控操作系统平台的电力监控系统安全防护技术. 浙江电力. 2022，41 (7).

[27] 罗华峰，许艾，等. 基于 MMS 替代协议的变电站安全通信技术研究及应用. 电力自动化设备. 2021，41 (12).

[28] 谢尧，吴柳，等. 基于大数据的电力通信网的安全防护系统及实现. 电子设计工程，2017，25 (19).

[29] 朱海鹏，等. 基于大数据分析的电力监控网络安全主动防护策略研究. 电测与仪表. 2020，57 (21).